建材創新
應用聖經

掌握材料特性顛覆原貌，
施作細節、工法創新全解析。

i室設圈｜漂亮家居編輯部 著

使用範圍 × 呈現形式 × 創意工法 × 混搭新意

建材不能一招用到底，跟著設計有所變化，再加一點創新，就能顛覆建材原貌並帶來新的詮釋。

目錄 Contents

CHAPTER 1

建材創新運用觀點

早些年因應居家或商業空間設計樣貌多元的需求，試圖將各種不同建材在同一個空間搭配使用，讓空間有了更多元的樣貌與豐富的層次感，近年隨工法的創新研發，使設計師的發揮空間更形擴大，透過對於材料特性的理解，恰如其分的運用並從中展現前所未有的創意。分別請到 II Design 硬是設計、有序生活製作所、Üroborus_studioLab:: 共序工事、StudioX4 乘四建築師事務所、工一設計等，一同來分享他們對於建材創新運用的觀點與看法。

建材創新運用觀點

現今無論居家或商業空間設計，已不僅僅追求美觀，更期待它能有突破性、創新性的顛覆。愈來愈多空間設計人從材料本質出發，深入探究其特性並結合創意工法，不僅推翻材質原貌、將空間應用帶向新的境界，更成功創造出有別以往的好設計。本章節邀請到 II Design 硬是設計、有序生活製作所、Üroborus_studioLab:: 共序工事、StudioX4 乘四建築師事務所、工一設計等，一同來分享他們對於建材創新運用的觀點與看法。

文＿劉繼珩、Aria、Joyce、Acme　圖片提供＿II Design 硬是設計、StudioX4 乘四建築師事務所、Üroborus_studioLab:: 共序工事、工一設計、有序生活製作所

《i 室設圈｜漂亮家居》編輯部觀察，早些年因應居家或商業空間設計樣貌多元的需求，試圖將各種不同建材在同一個空間搭配使用，不只讓空間有了更多元的樣貌與豐富的視覺感，也展現了另一種層次的工藝之美。隨工法的創新研發，使設計師的發揮空間更形擴大，透過對於材料特性的理解，恰如其分的運用，並從中展現前所未有的創意。

II Design 硬是設計創辦人吳透分享，「我不是設計背景出身、沒有待過任何設計公司，所以很多設計師習慣用現有建材去做設計、去劃分比例或分割，反倒因為自己沒有這層訓練，設計上都是從材料出發，而不是拿現有的材料去設計。」「早些年我沒有意識這樣的差異性，只是單純覺得好像應該是這樣去做設計，這樣的思考方式就會變成如果有一個設計概念或者設計方向既然是從材質本身出發，就會希望這個材質會是貼緊到設計主題性，這是我跟其他設計師在根本上的不同，設計會從材質本身的表現性出發，而不是去審閱現有的建材有那些，再用材質回頭扣住設計概念。」他進一步說道。

跳脫常規、慣性，才會有新的東西出現

問及如何去找到每一次適合或創新的實驗觀點？吳透說：「我沒有思考過創新不創新，只是覺得這個材料好看，或這材料很適合這個案子，但這樣的思考模式就會面臨很多的待解決的問題，因為它不是一個『合規』或是『正常』的

「天空興波 Simple Kaffa Sola」將大理石邊角料碎片拋光成8mm薄片，以仿「亂石拼」手法固定後灌漿，做出砌石質感。圖片提供＿ II Design 硬是設計　攝影＿原間設計工作室

建材，使用上會面臨很多限制，不只是要解決師傅的質疑、如何收邊，連進場都可能發生問題。例如『聲色Sounds Good』空間的水泥灌漿工法，如果噴漿面積太大，必須在水泥裡面增加緩凝劑，防止水泥太快乾掉無法順利噴漿；但如果加水又會造成強度變弱，因為水泥噴漿不像鏝刀，會有一層一層的施壓讓水泥緊實，所以從進場到施作會產生有一連串問題，從頭到尾都必須思考周全，除了衍生各種問題，同時也會產生很多打樣成本，但，也必須這樣做才會有新的東西出現！」

設計上盡可能從材料出發，而不是拿現有的材料去設計。

—— II Design 硬是設計創辦人 吳透

OSB 板的材料具有多個向度，與樺木夾板相比，是相對穩定不易因熱漲冷縮而產生翹曲的板材。圖片提供__有序生活製作所

嚴謹對待每一塊材料，反而有新的火花出現

材料種類多元，如何透過設計賦予材料新意，在空間中發揮加乘的價值，是設計師努力的方向。有序生活製作所設計師陳敬儒以過去設計高端住宅時，看待石材的態度為例，首先因為原料取得成本高，在訂定石材計畫時，會將耗損率、美感、工法……等因素納入，遂深入研究一塊石材該以何種切割方式進行，可發揮其最大價值。同理，在面對其他材料如木、磁磚，等取得成本相對較低的材料時，以相同的態度應對，嘗試套入石材常見的2：8或3：7等拼法，讓建材在空間中呈現新的樣貌。像是石塑地板，試圖將不同粗細的尺寸進行排列，例如以「每8片不能被讀出序列感」為原則，進行整個地片的鋪設計畫，就讓空間內的地坪完成鋪設後更加生動自然。另外，工地中常剩下許多大小不一的白色磁磚，陳敬儒也將這些破爛不全的磁磚，剪開、重新制定磁磚計畫並對縫，並依現場環境即興創作拼貼秩序，讓破碎的白色磁磚重組構成一幅新的畫面。

了解特性，或以工法賦予材質新貌

價格的高低，似乎為所有的材料貼上了貴賤的標籤，對陳敬儒而言，「材料沒有階級之分，只要材料穩定，運用得宜，就能發揮出在空間的價值。」如OSB

材料沒有階級之分，只要材料穩定，運用得宜，就能發揮出在空間的價值。

有序生活製作所設計師 陳敬儒

板（俗稱甘蔗板）給人經濟、便宜的印象，但OSB板的材料具有多個向度，與樺木夾板相比，是相對穩定不易因熱漲冷縮而發生翹曲的板材，具有良好的功能性，可直接作為門片的材料。另外像是常見的鍍鋅板，表面的鋅層可提供阻絕氧氣的功能，保護內層的鋼材，因此呈現較偏向霧面的質感，他將板材進行如同大理石仿古做法的「咬酸」處理，使板材的表面發生化學變化，受到侵蝕的鋅層因而產生對比不一的層次感，讓表面創造出如同石材般的光澤感，再加上洞洞板的設計，使板材成為獨樹一幟的洞洞板牆面。

此外，他也嘗試將不鏽鋼透過拋光到12K的工法（K意指打磨係數，拋光K數越高拋得越亮），使原本的鋼材呈現如鏡面般光亮的效果，避免傳統的鏡面由玻璃鍍銀，日久氧化出現水氣侵蝕的痕跡。「只要了解材質的特性，結合工法並嘗試，便可以碰撞出關於材質新用的火花。」陳敬儒說道。

鍍鋅板行如同大理石仿古作法的「咬酸」處理，使板材的表面發生化學變化。圖片提供＿有序生活製作所

擷取常民材料解構後重新整合

將材質視為述說空間故事基底的Üroborus_studioLab::共序工事創辦人洪浩鈞，偏好使用常民材料並將其轉化為當代風格，同時也盡可能從需求中做提取選材靈感源，好能與空間、使用者達到舒適共存與互動對話的狀態。

像是座落於新北市三重頂崁工業區內的「QUAN_ 泉。場」，在材料的選擇上他就以鐵皮、不鏽鋼、防塵網這些常民材料為主，他說：「這些看似一般的材料，其實反而是工廠人員最為熟悉的，只要透過設計做轉化，一樣能成為空間的亮點。」再看到名為「收藏合」的作品，這是位於新北市土城的新北高工模具科，原空間因先前的規劃整體顯得陰暗、機能又不足，決定重新規劃後，洪浩鈞和團隊同樣從環境觸發想法，以金屬展架做設計回應，突破空間使用上的侷限，再者也藉由材質找到共鳴點。

以需求作為靈感源，找出材料的多樣性

洪浩鈞認為，「單一材料可以有很多種用法，只是還沒有被摸索出來，因此很喜歡親自探索驚喜，哪怕只是一個焊接、凹折技術，由於許多做法是師傅不曾嘗試的，每當在提出這些想法時，師傅也願意一起協助共創，就有可能為每一次的設計、運用帶來一些突破。」同樣以「收藏合」為例，由於金屬板材在焊接時會留下焊點，為了維持立面的乾淨，特別請師傅將焊接面設於櫃體內側，

可移動式金屬展架，發揮材料的功能性，也著實改變了空間的樣態。圖片提供__ Üroborus_ studioLab:: 共序工事　攝影__丰宇影像 Yuchen Chao Photography

透過材料構思出可快速組裝、拆卸的隔間系統，滿足業主需求也找到自我設計的突破點。
圖片提供＿Üroborus_studioLab:: 共序工事　攝影＿李易暹攝影工作室 Yi-Hsien Lee and Associates YHLAA

好讓整面的金屬櫃體設計看起來整齊又俐落。

除此之外，洪浩鈞也會試圖從每一次業主提出的需求中找到突破的機會點。像是「LA MAISON SCLOUD 品牌概念店」的業主就希望設計也能扣合永續、循環的精神，因此他利用鍍鋅鐵板結合角鐵設計出可快速組裝、拆卸，同時又可回收再利用的隔間系統，「既然材料有多種用法，那拆裝是否也不會只有一種？」就是這個契機點，讓他們找到角鐵除了常見以螺絲固定，另也有不需鎖螺絲的卡扣形式，於是他在其中的陳列展架以此作為設計，不僅組裝輕鬆、結構也相對穩固，同時也能展現出很好的支撐性。「這些隱藏在設計背後的巧思，看似細微，其實都可以成為展現創新的關鍵。」洪浩鈞說道。

透過設計的轉化，常民材料也能成為空間的主角。

Üroborus_studioLab::共序工事創辦人 洪浩鈞

將三片 10mm 厚的強化膠合玻璃組成踏階，接著再以單懸臂方式嵌入後方書牆，加強支撐性也讓一片片的水平踏階能懸浮在半空中。圖片提供＿StudioX4 乘四建築師事務所　攝影＿李易暹攝影工作室 Yi-Hsien Lee and Associates YHLAA

從過往生活經驗累積創新的可能性

StudioX4 乘四建築師事務所建築師程禮譽則是分享：「通常適合或創新的設計實驗觀點，都是從過往生活經驗累積出來的，這也跟每個人的教育、環境與生活經驗息息相關。例如『TBS-An Experiment of Time一場關於時間的實驗』項目裡的玻璃樓梯，數年前我就曾經想在案場做這項設計，也做了實驗確定可行，但到了現場才發現載重的牆壁是輕鋼架隔間，載重不足的情況下，只好將這個想法擱置。」

直到這個案子的空間喚醒之前的記憶，程禮譽才找出以前的資料重新開始，做了1：1的模型、堆沙包來測試載重與可行性，進而實際使用在案場的空間裡面。「所以我認為設計創新的觀點，源自生活中總會有一些想過的事情，然後慢慢地進行推進，而不是看一張照片或一張圖，就會得到什麼啟發，所以好好生活、好好地過日子，就是進行創新設計實驗的原點。」程禮譽補充道。

> 發覺自己喜歡那一種材料就好好使用它們，盡量想一些新的用法去使用它，就能創造出新鮮的質感。

_____ **StudioX4 乘四建築師事務所建築師 程禮譽**

對材料越熟悉，越能做出不一樣的設計

觀察程禮譽近幾年的作品，可以發現到他其實運用材質做了不少新的嘗試，每每在以材質進行表現時，他其實也在在疊加對材料的熟悉度，他表示：「不論是設計師或客戶，心裡上都必須要有一個認知，那就是這個世界的材料種類是無窮無盡，但我們知識範疇是有限的，包含我自己在剛進入設計領域時的盲點，就是渴望通曉這世界所有的材料，然後把每一種材料都用得很好，但時間一久之後發現，設計方向不應該去尋找無限的材料，而是把一種材料用得久以後，越熟悉它的質感變化，越能做出不一樣的設計。」

「所以我建議初學者若是有發覺自己喜歡那一種材料，就好好使用它們，盡量想一些新的用法去使用它，就能創造出新鮮的質感。如果做設計總是材料先決，通常結果都是容易出現失誤，在設計的思考上，應該是先確立這個空間需要什麼材料，進而去找找手上熟悉的材料中有無合適者；如果是空間還沒有一個雛形，就先想要用什麼材料，通常設計出來的結果都會面臨失敗。」

材料的使用從地板、牆面延伸到天花板，以藉此整個空間的一致性。圖片提供__ StudioX4 乘四建築師事務所

選材前須先釐清需求再思索解答

工一設計主持設計師張豐祥認為在進行材質表現時，首先必須思考的第一步就是釐清需求，包含空間需要被賦予的機能需求、業主在使用上及期待達成的需求等，當全盤清楚各方面的需要之後，再循著這些統整得來的線索找到適合運用的建材，才能讓材質在空間中發揮最佳效果。張豐祥以視聽空間為例進一步說明，視聽空間最重要的需求為追求聲音表現，因此在不影響聲音表現的前提下，要選擇怎樣的材質配合設計手法符合整體風格，就成為選材的思考方向，像是壁面以未加工的石材凹凸面反射聲音，取代一般常用的反射板；天花板不影響聲音反射以線條交錯的棉線將聲音粒子視覺化向外發散，而搭配的鐵框則選擇粗獷的黑鐵，讓自然產生的鏽斑更貼合空間風格；另外天花板的灑水頭也融入材質做為結構的一部分，達成對美感與實用的雙重期待。

在不影響聲音表現的情況下，找出適合的材質再配合設計手法符合整體風格。圖片提供＿工一設計

材質經過設計思考與靈感養分轉化後，能創造出豐富多變的表情與用途。圖片提供＿工一設計

單一材、多運用創造材質豐富表情

這幾年材料的運用其實又再跨向了另一種境界，看似單一材但其實混合了很多種，張豐祥認為，「不同於以往一種材質用到底可能會顯得空間單調無趣的刻板印象，單一材質經由設計思維及累積的靈感養分轉化後，更能創造出豐富多變的表情與用途。」以石材中的觀音石來說，未加工的觀音石具有天然的凹凸面，加工後的觀音石高低差則較小，同一種石材運用在壁面時，就能製造出兩種截然不同的材質表情；再以皮革材質為例，同一款馬鞍皮材質在空間中可以是天花板材質，可以是隔間牆材質，亦可以是百葉窗材質，因此單一建材的運用其實一點都不呆板，端看設計者的創意與設計如何賦予材質意想不到的趣味，在空間中用一種材質玩出更多元的可能性。

全盤釐清需求後，再循著這些線索找到適合運用的建材，才能讓材質在空間中發揮最佳效果。

工一設計主持設計師 張豐祥

CHAPTER 2

建材創新運用解析

本章節以四個小單元作為切入點，分別為：「**Part 1** 建材的使用範圍」、「**Part 2** 建材的呈現形式」、「**Part 3** 建材的創意工法」、「**Part 4** 建材的混搭新意」輔以最廣為使用的金屬、木素材、磚材、石材、玻璃、特殊材等核心建材進行探討，藉由實際案例的深入解析，看空間設計人如何在掌握材質特性後，結合創新手法帶來突破性的設計表現。

建材的使用範圍

空間設計人在面對材料時,不只是在有限的建材中發揮設計極致,也敢於改變使用範圍,從不同角度感受材質,也為設計增添新意。本小節以天壁材料互換、地壁材料互換進行分類說明,天壁材料互換:即天花板、牆壁材料互換使用,藉由裝飾的表現,營造出不同的設計效果;地壁材料互換:即地面、牆壁材料互換使用,伴隨不同的俯視角度,看見材料的多變性。

細節處理：收邊設計細節時，使用樂土灰泥材料，由於其泥狀特性，需仰賴抹刀均勻塗抹。特別是陽角和陰角處理更需精細施作，以確保整體表面光滑無瑕。

圖片提供＿ Studio In2 深活生活設計

◗ **天壁材料互換**／地壁材料互換

清水模質感應用，讓層次豐富流動

玄關地坪以黑色鋪陳、室內壁面的白色調與原木地板，在與傢具營造出強烈的對比外，同時希望賦予空間順暢流動和豐富的層次感。一般而言，清水模質感的塗料通常應用於壁面，但此案將其應用在天花板，是希望打造「整體建築感」。Studio In2 深活生活設計透過灰階質感和陣列規矩的挖孔，產生似建築般的符號，並且呈現光影變化與豐富表情，試圖讓小空間散發出大器氛圍。

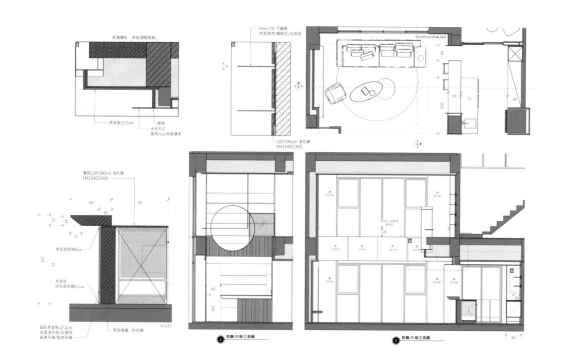

圖片提供__ StudioX4 乘四建築師事務所

🍃 天壁材料互換／地壁材料互換

延伸材料創造空間一致性

住宅空間設計，過去常以天地壁各面，分開思考使用的材質，但人在進入這個空間時五感是會同時感受，因此 StudioX4 乘四建築師事務所建築師程禮譽以此思考，以延伸的概念將地板材質延伸至牆壁，或牆壁材質延伸到天花使用，藉此整合空間的一致性。此處複層空間便以日式木門常見的格柵設計，從壁面延伸至下層天花，讓同一種材料在不同機能中重複出現，使居住者能在空間中感受到一致性。另外若要在壁面使用木格柵，背後需有另外的結構去支撐，以改變格柵的特色性。

細節處理：當格柵與周圍異材質相接時，可退縮1～2cm以陰影收邊，直線部分的左右兩側則需事前精算格柵的縫隙寬度，才能讓左右兩邊接縫處自然出現陰影。

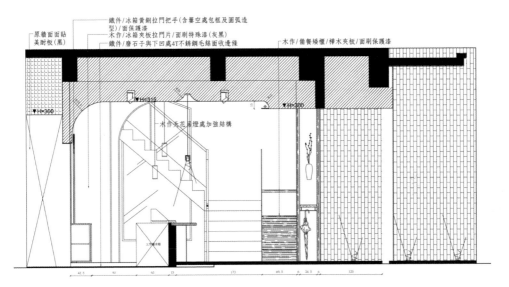

原牆面面貼
美耐板(黑)

鐵件/冰箱黃銅拉門把手(含鏤空處包框及圓弧造型)/面保護漆
木作/冰箱夾板拉門片/面刷特殊漆(灰黑)
鐵件/磨石子與下凹處4T不銹鋼毛絲面收邊條

木作/備餐矮櫃/樺木夾板/面刷保護漆

▽H=300

▽H=315

▽H=300

木作天花嵌燈處加強結構

工作檯木箱

天壁材料互換／地壁材料互換

同色原始木紋，立面細緻度彰顯層次

此案為日式無菜單料理餐廳，整體室內以海浪打在礁石上的意象作為空間設計，因此拾葉建築室內設計團隊選用大量的原木、粗獷石材去呈現浪落堆疊的狀態。天花板透過深淺色實木布局，拉出用餐與廊道區，木紋材質更延伸至壁面區域，形塑完整氛圍。除此之外，從外觀隱喻浪花的碎石進入到室內石材地板，利用退縮的空間，在入口處做了適度留白，猶如上岸後的稍作停留，讓客人可以藉由空間的鋪陳，經歷心境的轉換沉澱後再進入用餐空間。

細節處理：天花到牆面同色系的延伸，但透過細緻與粗糙的表面處理，展現不同場域氛圍。天花板保留鋸痕呈現自然粗獷的紋理，牆面則是以磨過及飾以保護漆的平滑面為主。

圖片提供__ II Design 硬是設計

◆ **天壁材料互換/地壁材料互換**

玻纖＋壓克力，找回歷史質感

II Design 硬是設計創辦人吳透重新打造「新州屋」這棟歷史建築，以「窗」作為設計出發點，希望一樓立面宛若一扇看向世界的大窗，利用「框景」概念，上下以霧面襯托中央清玻來聚焦視線。而霧面區域材質，排除長虹玻璃這種太新、不符歷史感的材質，玻璃貼霧膜質感又不符需求，最後選擇仿40、50年代台灣屋頂常用的半透明浪板，在壓克力上貼玻纖網增加硬度做成立面材質，也恰好符合建築於1943年完成、是新竹第一間百貨公司的歷史背景。吳透表示日本設計師長坂常也曾在作品中使用這種材質。

細節處理： 這種壓克力加上玻纖網板材，因為是層層壓製而成，邊緣無法非常平整、彎曲度也無法精確，裁切時要保留容限值，收邊不密合處則需以壓條處理，遇到木頭溝縫也需視情況切出較寬溝縫，再以木條填塞處理。

圖片提供＿拾葉建築室內設計

天壁材料互換／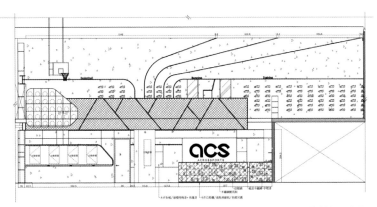 地壁材料互換

引入不鏽鋼造型，呼應品牌科技未來感

此案為運動用品概念店，為了呈現線上線下虛擬的科技感，透過金屬材質來詮釋商空。客人在線上完成購物交易後，可到實體店的櫃檯拿取鑰匙，並開櫃拿取購買物品；因此，拾葉建築室內設計團隊將不鏽鋼材料使用在櫃檯，利用不鏽鋼板延伸的檯面搭配外側花紋板不鏽鋼的櫃體門片，傳遞未來科技感。

細節處理：由於櫃檯立面使用的是薄板不鏽鋼板材，施作中要特別小心，避免撞擊，產生凹痕、毀損等，也須特別留意焊接點的美感細節問題。

圖片提供＿拾葉建築室內設計

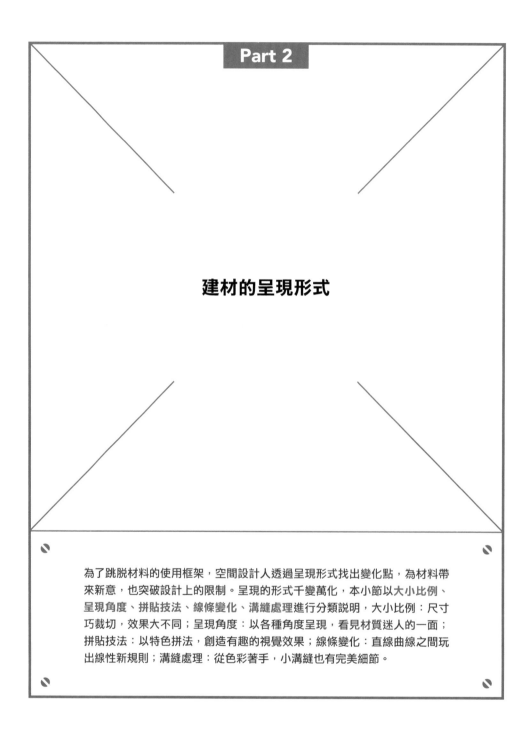

Part 2

建材的呈現形式

為了跳脫材料的使用框架，空間設計人透過呈現形式找出變化點，為材料帶來新意，也突破設計上的限制。呈現的形式千變萬化，本小節以大小比例、呈現角度、拼貼技法、線條變化、溝縫處理進行分類說明，大小比例：尺寸巧裁切，效果大不同；呈現角度：以各種角度呈現，看見材質迷人的一面；拼貼技法：以特色拼法，創造有趣的視覺效果；線條變化：直線曲線之間玩出線性新規則；溝縫處理：從色彩著手，小溝縫也有完美細節。

◆ **大小比例**／呈現角度／拼貼技法／線條變化／溝縫處理

精心處理寬窄接合，突顯木質表情

鋪陳木地板時，首先要確認空間大小和設計需求，根據面積的大小選擇使用寬版或窄版的方式進行鋪陳，以呈現木材天然的紋理和色彩。Studio In2 深活生活設計在本案採用了較窄的海島型木地板，讓木質的表情能在有限的空間中展現完整。對於從大尺寸裁切成小尺寸的效果呈現，會在細節與周邊處理上充分考慮，特別是在實木地板的接合處，針對較窄的板材，因為接縫相對會比較多，所以會避免過多的倒角處理，以簡化線條，突顯原木質感。

細節處理：在工廠中，就先以5.5cm×180cm的窄版尺寸進行定制。此外，對於寬版板材，則可能會選擇使用較大的斜角處理方式，讓整體鋪設呈現更豐富的紋路效果。

圖片提供＿尚藝室內設計公司

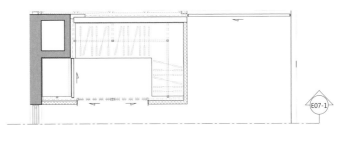

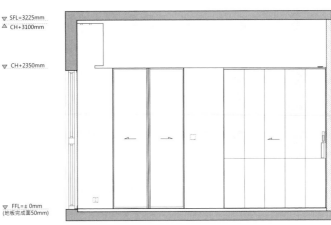

▽ SFL=3225mm
△ CH+3100mm

▽ CH+2350mm

▽ FFL=±0mm
（地板完成面50mm）

*石材/玻璃/磁磚分割依廠商建議分割尺寸
*所有尺寸請以現場為主，若圖面與現況不符合請與設計單位確認

① 主臥更衣室門片立面圖
E07　SCALE：1/30

圖片提供＿尚藝室內設計公司

◣ **大小比例**／呈現角度／拼貼技法／線條變化／溝縫處理

幾何分割鍍鈦拉門，展現奢華層次美學

為了體現精緻與奢華的空間氛圍，尚藝室內設計公司於臥室入口門片選用鍍鈦材質打造，打破傳統的門片造型，且創造出空間的視覺焦點。拉門設計上，結合亂紋面與霧面特性的鍍鈦材質，展現視覺層次，加上幾何分割線交織立面，呈現出錯落的漸層風貌。

[細節處理]：由於此案的鍍鈦拉門寬度較一般房間門寬，加上鍍鈦材料本身的重量較重，因此在安排拉門的軌道設計上要加強結構，穩固門片結構。

◣ **大小比例**／呈現角度／拼貼技法／線條變化／溝縫處理

一定的尺寸比例，創造出垂直分量感

永續、循環，一直是品牌「La Maison SCLOUD」的核心價值，在面對展售空間設計時，也希望能兼顧永續、循環的精神，於是Üroborus_studioLab::共序工事從循環設計角度切入，利用鍍鋅鐵板結合角鐵設計出可以快速組裝、拆卸，同時又可回收再利用的模組系統。透過不同的組合變化，創造出四座金屬單元體，也藉此定義出空間機能，包含TABAC吧區、儲藏室、更衣間與VIP室，以及工作坊等。

細節處理：由於鍍鋅鐵板的表面有獨特的鋅花紋理，為了讓視覺畫面呈現出垂直感，刻意將每一片鍍鋅鐵板尺寸設定在寬1.1米、高2.1米為主（側邊因凹折關係單片寬度稍窄），多片組合起來後，既能看到鋅花本身的特色，又把垂直視覺分量感往上提升了不少。

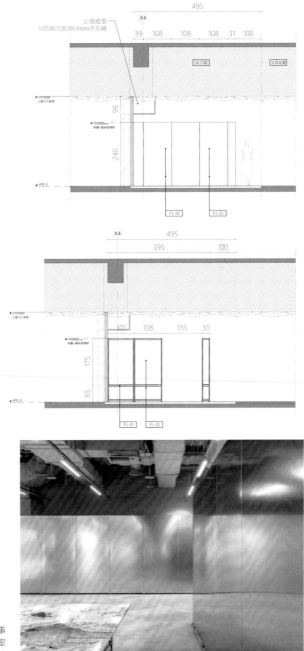

圖片提供＿Üroborus_studioLab:: 共序工事
攝影＿李易暹攝影工作室
Yi-Hsien Lee and Associates YHLAA

圖片提供__ IN-Xian Design 引線設計

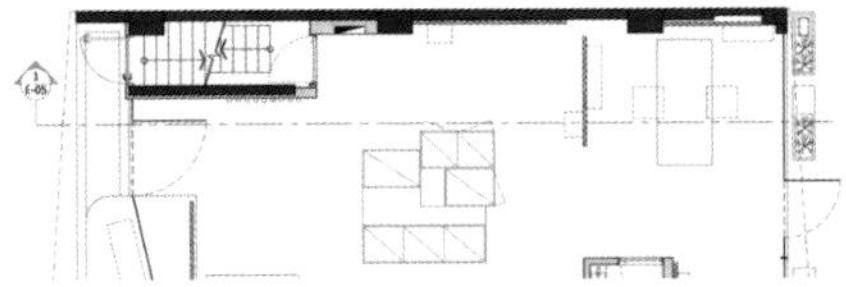

平面配置圖
SCALE 1/80

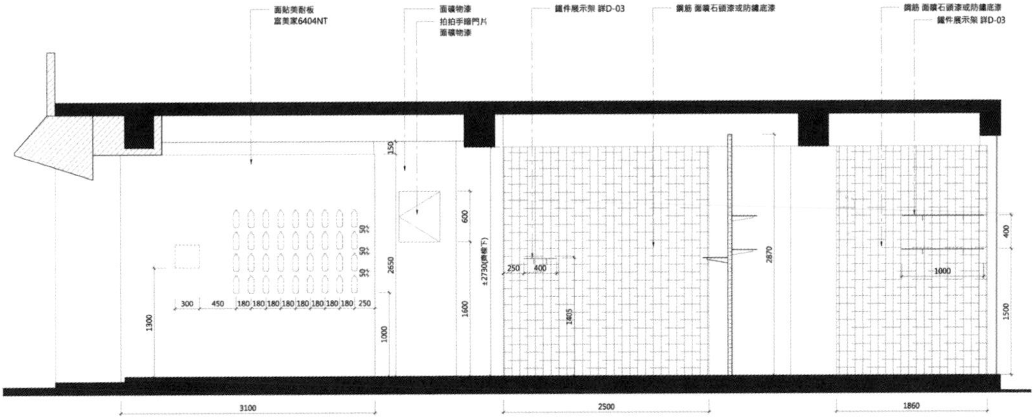

面貼美耐板
富美家6404NT
面礦物漆
拍拍手暗門片
面礦物漆
鐵件展示架 詳D-03
鋼筋 面噴石頭漆或防鏽底漆
鋼筋 面噴石頭漆或防鏽底漆
鐵件展示架 詳D-03
3100
2500
1860

1 立面圖
SCALE 1/30

圖片提供__ IN-Xian Design 引線設計

大小比例／呈現角度／拼貼技法／線條變化／溝縫處理

金屬網層次堆疊的減法設計

本案強調使用環保永續材料，因此IN-Xian Design引線設計以「減法」為設計主軸，藉由剔除過多的形式語彙和元素，將產品作為前景融入空間設計的細節中。使用的材質包括金屬網、木皮、玻璃與水泥塗料，彼此相互結合。其中的點狀細鋼筋網，通常用於鋪設道路以防止裂開，而將其轉化為具有獨特立面造型的元素。鋼筋網不僅突顯原始特質，且採用格狀設計，便於根據商品陳設和現場需要裁切尺寸，透過層次的堆疊，實現吊掛和展示包包的功能。

細節處理：為保持金屬網的原始感，會避免加入過多邊框，保持完整的網狀結構。在不使用邊框的情況下，需要精細修邊與研磨，確保斷面的俐落。

圖片提供＿尚藝室內設計公司

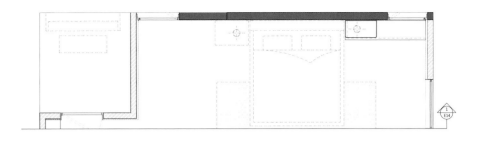

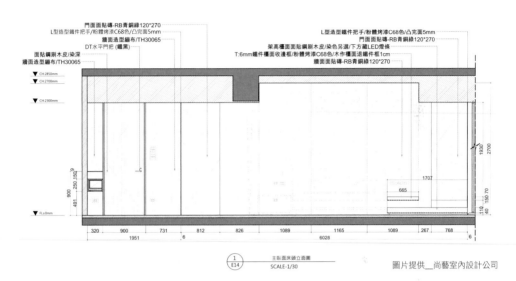

門面面貼磚-RB青銅綠120*270
L型造型鐵件把手/粉體烤漆C68色/凸完面5mm
牆面造型繃布/TH30065
DT水平門把（鐵黑）

面貼鋼刷木皮/染深
牆面造型繃布/TH30065

L型造型鐵件把手/粉體烤漆C68色/凸完面5mm
門面面貼磚-RB青銅綠120*270
架高櫃面貼鋼刷木皮/染色另選/下方藏LED燈條
T:6mm鐵件櫃面收邊框/粉體烤漆C68色/木作櫃面退鐵件框1cm
牆面面貼磚-RB青銅綠120*270

CH 2850mm
CH 2700mm
CH 2300mm

2700
1930

900 | 250 | 150
491 | 250 | 150
1707
665

FL±0mm

110 | 150 | 70
40

320 | 900 | 731 | 812 | 826 | 1089 | 1165 | 1089 | 267 | 768
1951 | 6 | 6028 | 6

① / E14 主臥面床頭立面圖
SCALE-1/30

圖片提供__尚藝室內設計公司

🔖 **大小比例**／呈現角度／拼貼技法／線條變化／溝縫處理

大板磚一體成型，體現東方水墨藝術

此案臥室空間裡，床頭牆延伸更衣室暗門，皆選用一體成型的大板磚，構成風格上的一致性與視覺的完美性。磚面以藝術暈染的水墨畫呈現，漸層湖水綠的恣意渲染，營造東方美學的氣息，同時與戶外的庭園景觀相互呼應，創造室內外情景相融、對話的意象。

細節處理：由於大板磚的尺寸較大，搬運過程須特別考量便利性，若住家電梯或樓梯無法進行搬運，就要安排吊車搬運到現場。

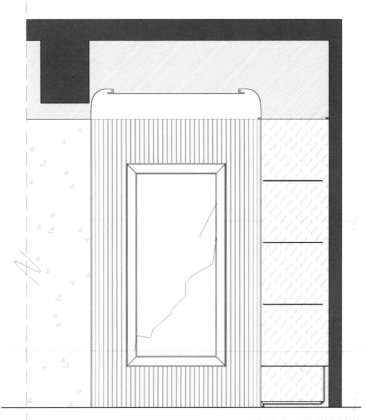

◆ **大小比例**／呈現角度／拼貼技法／線條變化／溝縫處理

多元石材堆疊，小片拼接弱化彎角弧度拼接線

大門一打開即正對端景造型牆，拾葉建築室內設計團隊透過不同花紋的石材拼接而成，利用灰底白框為基底，中央搭配一隻魚穿梭在荷葉的「夏荷」之名石材，同時呼應家族成員之名，創造出兼具家徽，及「歡迎回家」的象徵性設計。

細節處理：由於端景兩側有設計彎角，將石材切割成一小片再進行拼接；並為了弱化彎角石材上的拼接線縫，特別於石材交接處安排企口，如來一來可淡化交接痕跡，視覺更顯美觀。

◔ **大小比例／呈現角度／拼貼技法／線條變化／溝縫處理**

透過石材體積變化，創造機能與美感設計

此案屋主家庭重心主要位於餐桌區，因此拾葉建築室內設計團隊在公領域設計上，餐廚領域面積大於客廳，餐廳並以中島結合餐桌的擺設，放大空間尺度。由於餐桌懸出的跨距較長，桌體內部特別利用鐵件固定，加強結構支撐性。

❚細節處理❚：中島到餐桌在設計工序上，須依據不同工種安排優先順序，以穩固桌體結構。一開始以木作打底結構後，內部置入鐵件支架，再包覆石材作為完成面。

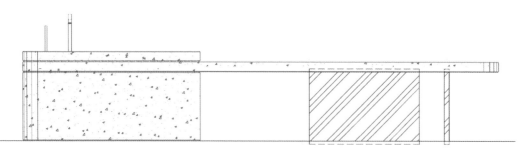

圖片提供＿拾葉建築室內設計

圖片提供＿水相設計

圖片提供＿水相設計

🔹 **大小比例**／呈現角度／拼貼技法／線條變化／溝縫處理

拼貼石材亦能營造低調奢華風格

此案是位於大陸東莞一個大型開發案，鎖定金字塔頂端人士作為銷售目標客群，為重現古典園林的曲折迂迴，水相設計將室內切分為多塊量體彼此錯落堆疊，演繹遊走山林的意象，同時壁面以帶有自然紋理的石材，刻意裁切成小尺寸錯落貼砌，讓紋理中的深淺變化來表現出自然風情，且具有降低成本、縮短挑板等料時間與容易施工等優點。

細節處理：工法上先將1cm厚的石板裁切成20cm×120cm大小後，在工廠扣掛於120cm×240cm的蜂巢板上再到現場拼貼，須注意轉角仰角處收邊。

◗ **大小比例**／呈現角度／拼貼技法／線條變化／溝縫處理

排列組合為白磚賦予趣味性

平凡的白色磁磚透過排列組合，也能在簡約的基調中，透露出趣味性。有序生活製作所設計師陳敬儒指出，在制定磁磚計畫的時候，物料尺寸與趣味性相當重要。物料的長、寬，單位必須計算到 mm（公釐）才能讓設計與圖面一致，並呈現排列的細膩感。趣味性的部分，則可以由公倍數為基準，展開排列組合的多樣可能，使視覺感受更豐富，讓材質打破一成不變的印象。

細節處理：不管是立面或地面，利用4小塊＝1大塊的分割原則，展開拼貼的序列，利用22mm×22mm與47mm×47mm的磁磚交織，連同溝縫的尺寸也納入計算，成就空間的細節與質感。

圖片提供＿有序生活製作所

圖片提供＿混混空間設計

🔖 **大小比例／呈現角度／拼貼技法／線條變化／溝縫處理**

線條自由變化，展現無拘束的調性

此案運用許多不規則弧形設計，展現空間的柔和感，也傳達無所拘束的生活調性。設計語彙由公領域發展至機能空間，此衛浴空間內有兩大柱體，彼此錯位，因此讓中間的濕區隔間往外推移，整合了淋浴區與柱體形成的畸零收納櫃。其中三片活動門扇的開啟方向不同，上方造型設計需考量門軸上下固定的限制，右邊數來第二、三片門的中間，於背面增設柱狀支撐以穩固結構。浴缸門扇往內開啟，以配合洩水坡度，側邊的置物櫃則是往外開啟較方便使用。

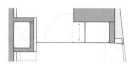

細節處理：此玻璃隔屏設定為兩片固定式、三片為活動式，設計初期須精準計算門片寬度，尤其比例均衡，其中小片門設計為比例相近，寬度約為35cm，若過窄需考慮是否影響緩衝功能。

E-3 主浴立面圖-3
EL 單位:cm　S:1/30

圖片提供＿混混空間設計

圖片提供＿非常態空間製作所

◗ **大小比例**／呈現角度／拼貼技法／線條變化／溝縫處理

大小比例分割模組化，兼顧多功能

此音樂多功能教室改造設計具備高度的靈活性，利用具備吸音特性的美絲板打造可折疊收納立於牆面作為吸音板元素的長桌，可視需求進行收合。折疊桌的桌板則可每片翻轉，將可吸音的美絲板面向外，成為一座吸音牆，四個桌腳向內折後可掛於白板兩側的牆面上。整塊桌板分割成36cm×36cm為一片單位，讓學生可取下單片作為小桌板，將教室內的階梯作為上課的座位，美絲板背面的光滑面便可成為書寫底板，完美呈現一物多用的特色。

細節處理：每一片正方形美絲板（由60％木絲纖維混合40％水泥壓製成）上了一層透明漆確保木絲纖維不會因為久用而剝落，搭配比例合宜的鐵板及不鏽鋼板作為框架。

圖片提供＿KAH Design 共生製作＋知光合禾建築師事務所

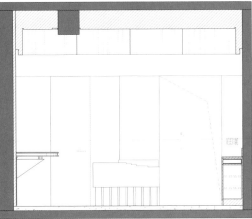

圖片提供＿ KAH Design 共生製作＋知光合禾建築師事務所

大小比例╱ ◗ **呈現角度**╱拼貼技法╱線條變化╱溝縫處理

改變量體線條型態，重新引導視覺重點

8坪不到的營業空間，動線整合規劃完畢之後，客用洗手間若僅是安裝常規水槽，其突兀的存在，必造成營業空間業主期待的工整視覺感碎化。動線盡頭的水磨石洗手檯面，向外延伸至牆面上，讓一致性穩定感得以完善，並切割待客區及工作區動線。階梯式向下延伸，減輕了量體厚重感，引導視覺至最大化牆面空間，預留日後掛載展示的餘裕跟可能性。

細節處理：水磨石檯面與牆面結合的包覆厚度，需與動線規劃縝密配合。為維持視覺的穩重，水磨石檯面下方模擬水泥柱支撐其視覺觀感，解決檯面懸浮，貫徹視覺穩定的設計宗旨。

大小比例／🖎 呈現角度／拼貼技法／線條變化／溝縫處理

石陶粒櫃體，象徵情比海枯石爛

喜餅品牌「禮坊」希望從喜餅供應的印象，轉型成生活上所有值得高興的喜事都可以來禮坊買伴手禮，因此II Design 硬是設計創辦人吳透以「開在台北的巴黎沙龍甜點」為禮坊中山店的設計概念，創造法式精緻糕點內藏台味服務的新觀點，讓人可以很舒服地來買些伴手禮，送給心裡在乎的人。門市櫃檯以用石陶粒呈現「情比石堅、海枯石爛」概念，以往這種石陶粒多使用在建築外牆，因為高溫燒製的石陶粒可產生斥水現象，再以30cm×30cm的鐵網綁住陶粒方便施工。

細節處理：過往因為石陶粒有個厚度，大部分是被收在一個有厚度的框裡面來收邊，吳透嘗試以仰角方式來替石陶粒收邊，發現這樣的工法效果也不錯。

圖片提供＿ II Design 硬是設計

圖片提供＿ II Design 硬是設計

大小比例／呈現角度／**✎ 拼貼技法**／線條變化／溝縫處理

轉角利用石材拼貼，包覆完美彎角

牆面轉彎處要能呈現材料堆疊上的美觀，是一大挑戰，材質安排上須考量彎角的自然呈現，以達視覺上的美觀。因此，拾葉建築室內設計團隊挑選出延伸空間風格的淺色調石材，並將石材裁切成一小塊狀；彎角底部先以木作打底，再將小塊石材堆疊出線版造型，形成一面內弧形立面。

細節處理：首先要提前算好石材與木作間預留的進退面，以及石材黏著的厚度。底部先利用木作打底、墊高高度，再鋪上小塊石材，兩層石材交疊再一起，呈現出線板層次。

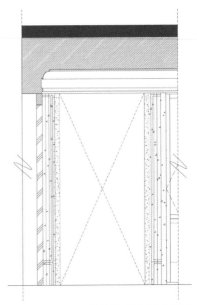

圖片提供＿拾葉建築室內設計

大小比例／呈現角度／拼貼技法／線條變化／溝縫處理

邊角料再利用，實現真實石塊質感

「天空興波 Simple Kaffa Sola」座落於台北101的88樓，為了表現出「天空之城」的概念，II Design 硬是設計創辦人吳透利用櫃檯底座營造城堡礎石意象，因重量限制不能使用真正石塊，但也不願利用水泥刻出溝縫放棄石材真實感，最後利用大理石邊角料碎片拋光成8mm薄片，仿「亂石拼」手法固定後灌漿，做出砌石質感。以往這些邊角料可能棄置無用，現在可再回收利用，須注意邊角可能很尖銳，施工前需先將每個石塊邊角倒圓。

攝影 __ Amily

細節處理：為了呈現石塊突出牆面質感，需先將大理石片做固定夾綁好、用萬能膠黏貼後再以水泥填縫機填縫，填縫機需添加樂土，才不會造成日後擦地時，縫隙因吸水而粉化，大理石與地板的交界處再以銅條收邊。

攝影 __ Amily

攝影＿余佩樺

大小比例／呈現角度／🌑 **拼貼技法**／線條變化／溝縫處理

以真正隔熱磚突顯烘焙本質

詩特莉餅乾門市的櫃檯材質選擇上，Il Design 硬是設計創辦人吳透為了呈現材質的真實質感，不使用常見仿製隔熱磚的磁磚，而是使用真正貼在窯內的隔熱磚以突顯其烘焙本質。這些隔熱磚因不使用在面材上，每塊顏色不近相同，但也因為這些色差，讓櫃檯產生獨一無二的裝飾特色。隔熱磚厚度僅1.5cm，因其多孔特性邊緣並不平整，使用前吳透先送至工廠，以水刀切割成較平整長方形再使用，也因多孔容易碎裂，估算需提高耗損率。

細節處理：隔熱磚因多孔，一般貼磚時會刻意留出較寬溝縫讓其熱脹冷縮，周邊再以填縫劑處理，吳透建議若要作為表面材使用，可不使用填縫劑，只需貼砌時將縫隙收小即可。

攝影＿余佩樺

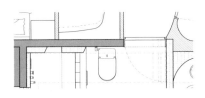

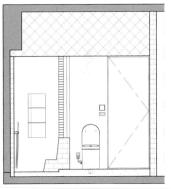

大小比例／呈現角度／**拼貼技法**／線條變化／溝縫處理

玻璃與光影，營造儀式感空間

實心玻璃磚在此的運用作為乾濕區的分隔，其穿透特性讓空間感不侷限於浴缸尺度，光線與隱約的畫面感，都能增加區域之間的連結性。此材質在視覺美感上有較高優勢，藉由光影變化增加表情豐富度，提升生活儀式感。施作過程需由木工架設骨架以便堆疊作業，另外還需要鐵工，製作兩側固定實心玻璃磚體的軌道，上下則是以矽利康做收尾。玻璃類材質需避免碰撞或刮傷，建議安排於整體工程的後期做施作，減少損傷的可能。

細節處理：首先須由木工製作骨架，才能進行玻璃磚由下而上堆疊的步驟，接著運用工具擠壓專用的黏著劑，灌入縫隙中。結構上還需要鐵件從兩側支撐，其結構與視覺比例都需經過精準計算。

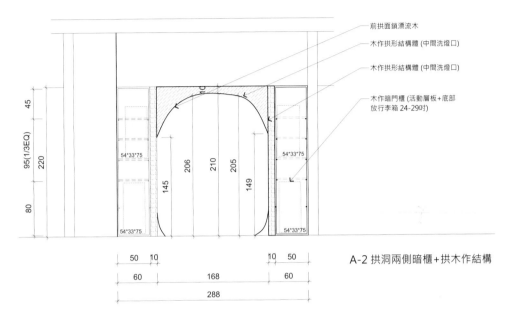

前拱面鎖漂流木

木作拱形結構體 (中間洗燈口)

木作拱形結構體 (中間洗燈口)

木作暗門櫃 (活動層板+底部
放行李箱 24-29吋)

45

95(1/3EQ)

220

80

54*33*75

54*33*75

54*33*75

54*33*75

145

206

210

205

149

50   10

60

168

10   50

60

288

A-2 拱洞兩側暗櫃+拱木作結構

圖片提供__執見設計

大小比例／呈現角度／🔧 **拼貼技法**／線條變化／溝縫處理

無法取代的迷人手感

業主渴望打造一間復古異國氛圍住宅，經過討論後，決定
從材質切入，看見風格以外更深的設計細膩度。異國情調
要濃厚，磚材的運用是關鍵，在挑選磁磚的色彩或形狀
上，執見設計設計師涂耀捷說並沒有刻意為了營造哪個年
代或國家的風格，主要是希望家中每個角落都可以有一些
「有手感的東西」，讓歲月的痕跡盡可能被留下。在本案
將磚材徹底融入到生活空間裡，從房間、衛浴、廚房、拱
型通道皆可看見蹤跡。以拱型通道為例，因彎曲角度，特
殊形狀的小磁磚，打造出獨一無二的美感。

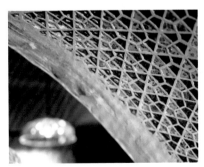

攝影__曾信耀

細節處理：由於是手工製作，邊緣都不是完全直線，形狀上也非平整的矩形或三角形，當師傅在貼磚
時，不刻意追求工整，特別留意將縫隙留大，以營造出復古年代的氛圍。

圖片提供__禾邸設計 Hoddi Design

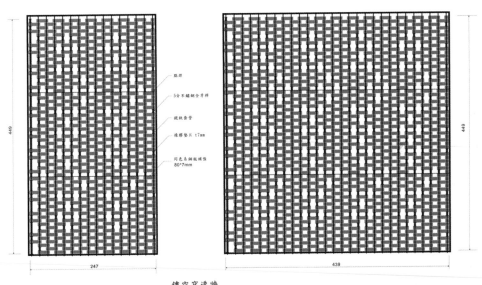

鏤空穿透牆

圖片提供__禾邸設計 Hoddi Design

大小比例／呈現角度／⬥ **拼貼技法**／線條變化／溝縫處理

鍍鈦鏤空牆，兼具場域劃分與通透性

在公設大廳的櫃檯後方，打造一面屏風機能的鏤空編織牆，成為外部廊道與室內場域間的界定功能。使用金屬鍍鈦材料的線條特性，增添空間的細緻度；採用不封閉、鏤空的立面手法，提升場域光線變化、空氣與整體氛圍的流動；位於落地窗面鍍鈦屏風，可隨日落與日出的光線變化，投射出獨有光影，形成與自然相互輝映之美。

細節處理：整面牆的設計須提前經過精密的數字計算，預留出鏤空面的間距。而鍍鈦金屬屬於細緻度高的材質，在施作上須留意搬運，或與基礎工程搭配上可能不小心刮傷的風險。

圖片提供＿禾邸設計 Hoddi Design

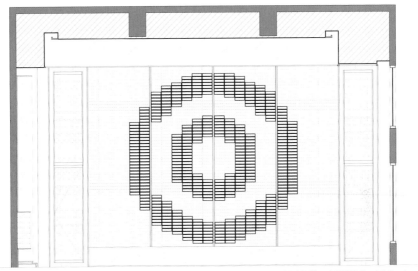

大小比例／呈現角度／🖋 **拼貼技法**／線條變化／溝縫處理

灰磚編織磚牆，創造場域視覺焦點

此案位於建案公設大廳，為了將當地具文化歷史的磚牆建築引入室內設計的一部分，特別於大廳後方吧檯區打造一面灰磚造型牆，同時創造出空間的視覺焦點。使用三種韓國窯燒的灰磚材質，由藝術磚家粘錦成老師銜接磚面，細緻獨特的工法設計，形成一面3D立體、古色古香造型牆。

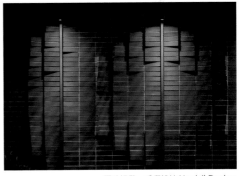

細節處理：考量每一塊磚黏著後，無法輕易拆除調整，因此在施作前須以圖面精準運算每個磚面，以及銜接上的角度。

圖片提供__ IDIN Architects

大小比例／呈現角度／🍥拼貼技法／線條變化／溝縫處理

獨特拼貼手法，一展天花板錯落之美

「NANA Coffee Roasters Bangna」座落位置特殊，為了讓人們可以把目光移轉至咖啡並強化飲用體驗，有別於一般咖啡廳的設計思考，由三間並排且帶有斜屋頂的建築共同組成，高低之間具有連貫性，也讓三個塊體變得很有律動感。為了讓來訪的客人可以專注於品嚐手中咖啡與美食，配色上盡量維持簡約，除了有沉穩黑色調搭配白色檯面，形成分明的黑白對比；另也有全以白色調為主，天花板選用了反光玻璃馬賽克鑲板，當光滲透入室，可經由反射營造多變的空間光感。

細節處理：拼貼上刻意將磚選了寬度不一的樣式，同時做有點不規則排序，可以讓效果不呆板，也讓天花更添視覺趣味。

圖片提供__ IDIN Architects

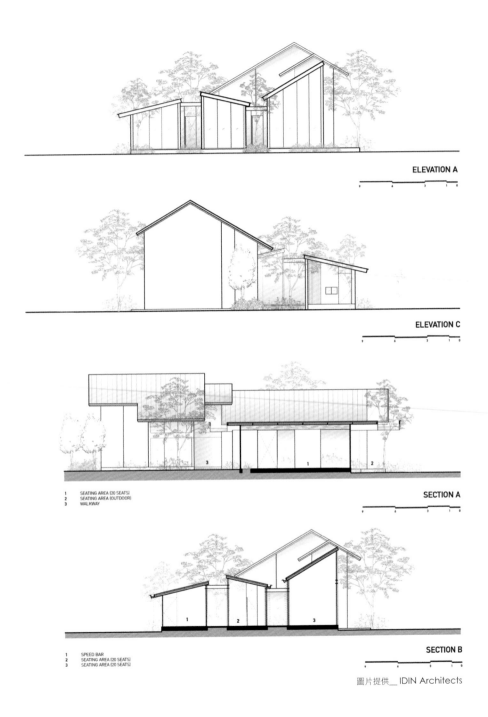

ELEVATION A

ELEVATION C

1 SEATING AREA (20 SEATS)
2 SEATING AREA (OUTDOOR)
3 WALKWAY

SECTION A

1 SPEED BAR
2 SEATING AREA (20 SEATS)
3 SEATING AREA (20 SEATS)

SECTION B

圖片提供＿ IDIN Architects

圖片提供＿水相設計

大小比例／呈現角度／🖐拼貼技法／線條變化／溝縫處理

翻轉材料既定印象成裝置藝術

業主想延續之前品牌店面有一座看得到卻不能行走
樓梯的概念，水相設計在此處選用布料，堆疊拼貼
出一座看似不能行走卻可以行走的樓梯，作為店面
裝置藝術與展台，反轉堅固與脆弱之間的材質印
象，發掘出材料另一種面貌，並利用這個樓梯去抓
住設計中的隨機性，因而在施工的過程中需時時提
醒師傅不能貼得太整齊完美。

細節處理：因為要具備不完美的瑕疵感，在師傅膠
貼過程中，除了刻意疊歪與製造出彎曲縫隙，也使
用錯落堆疊的手法，並需注意仰角的收邊處理。

大小比例／呈現角度／拼貼技法／◥ **線條變化**／溝縫處理

天花結合水波紋金屬板，呈現波光淋漓之效

此區位於建築大樓公設的一處休憩區，底部為架高臺墩，中央有柱子結構。為了弱化突兀量體，及將戶外優美景致引入室內，利用天花鋪陳弧形水波紋金屬板，搭配側邊鏡面材質，藉由折射與反射的材質特性，弱化柱體結構；天花板的水波紋金屬板，展現出波光淋漓、水的意象，與戶外自然景致相互呼應。

細節處理：天花板的水波紋金屬板跨距不大，約1～2米的寬度，體現輕盈的視覺美感。弧形線條與臺墩造型要呈現對稱，周圍利用脫縫手法銜接金屬板與天花板。

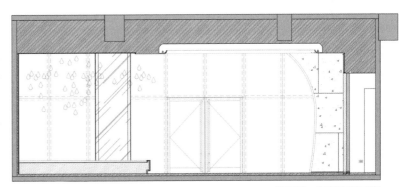

圖片提供＿思謬空間設計有限公司

大小比例／呈現角度／拼貼技法／◆ **線條變化**／溝縫處理

加入鍍鈦材質，並以弧形修飾稜角

在原本34坪的中古屋裡，儘管房屋結構本身沒有太大問題，但格局狹窄且零散，設計師透過重新布局隔間，釋放廚房區域，換取更寬敞的居家環境，同時也結合一條L型走廊優化空間動線，化解室內的擁擠感。整體設計概念以現代風格為基底，並融入源自包浩斯的設計元素，透過材質的選用展現出一種的「靜奢宅」，並且以鐵件、鍍鈦金屬、石英磚和木作等多樣材料混搭，反映屋主對質感的要求，更呈現獨特的設計理念。

細節處理：由客廳進入書房轉角的設計，更打破原有的直角，引入了內凹的造型，運用鍍鈦弧形面進行轉折修飾，帶來更多動感變化，提升視覺柔和度。

圖片提供＿思謬空間設計有限公司

圖片提供＿＿思謬空間設計有限公司

圖片提供＿有序生活製作所

大小比例／呈現角度／拼貼技法／◣ **線條變化**／溝縫處理

曲線賦予夾板機能與線條感

樺木夾板是室內設計中常使用的板材，板材層層膠合的成型方式，讓斷面產生規則且平均的線條。有序生活製作所以樺木夾板加上美耐板作為辦公桌桌板，利用弧形的切割改變桌面的形狀，使機能隨形而生。桌面的直線區域讓長時間在辦公室使用桌機的工作者使用，外勤同仁短暫返回公司的區間，則可利用有弧度的桌面與空間，稍作休憩。

細節處理： 樺木夾板與美耐板結合的桌面，在施作時美耐板的範圍必須略大於夾板，兩者黏合之後，再將多餘的美耐板裁切乾淨，並利用砂紙打磨，使邊緣處滑順。設計師陳敬儒強調，設計辦公室時，有很多電線需要思考如何收放，好讓主量體更為簡潔精練，這回利用鍍鋅方管作為桌子的支撐結構同時，同時也將所有的電線藏進方管之中。

圖片提供＿有序生活製作所

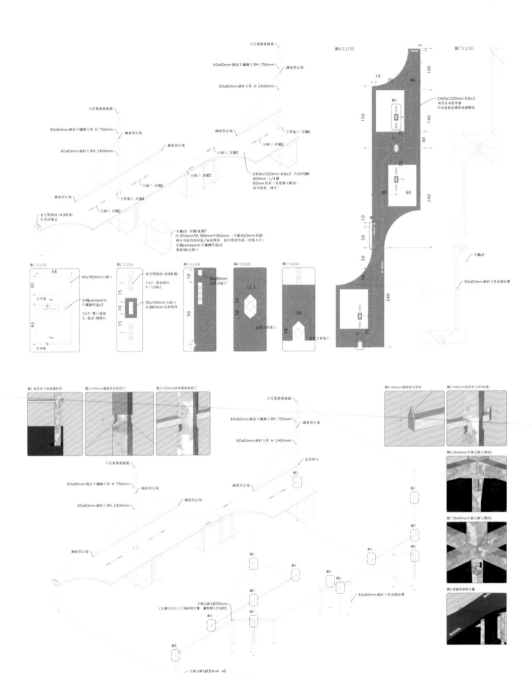

圖7 S:1/30

天花電源進線處

60x60mm鏡面不鏽鋼方管H: 750mm

鋼索固定端

60x60mm鍍鋅方管 H: 2400mm

2400x1200mm桌板x3
填充底為鋁蜂層
同為桌基結構與桌腳關係

天花電源進線處

60x60mm鏡面不鏽鋼方管 H: 750mm

鋼索固定端

60x60mm鍍鋅方管: 2400mm

鋼索固定端

鋼索固定端

方管進口 詳圖5

出線口 詳圖2

出線口 詳圖3

2400x1200mm桌板x3 內附詳圖6
900mm 1/4層
60mm厚 / 見愛曼可彎面
面美耐板（綠色）

鋼索固定端

出線口 詳圖3

出線口 詳圖1

方管進口 詳圖4

出線口 詳圖2

木棧x9 詳圖6 & 圖7
H: 650mm*D: 580mm*300mm（含腳墊20mm附縫）
棧木夾板四面封板 / 兩面開孔、染色噴透明漆（原拼木色）
直鋪panasonic不鏽鋼用盒x3
進線端出線口

省空間插座（桌面側）
孔位詳實品

圖1 S:1/20

58
40x160mm出線口
30
直鋪panasonic
不鏽鋼用盒x3
65
左右中：雙口插座
右：電話、網路孔
進線端

圖2 S:1/10
省空間插座（桌面側）
左右中：接地插孔
中：USB插孔
10 15 15
10

圖3 S:1/10
35x50mm
邊緣出線口
50
35x100mm 出線口
此處60mm局部很厚

圖4 S:1/10
11.1
10：10
邊緣方管進口
16
10

圖5 S:1/10
10
10
75

木棧x9

60x60mm鍍鋅方管桌腳結構

240

天花電源進線處

60x60mm鏡面不鏽鋼方管 H: 750mm

鋼索固定端

60x60mm鍍鋅方管 H: 2400mm

造型掛勾

鋼索固定端

天花電源進線處

60x60mm鏡面不鏽鋼方管 H: 750mm

鋼索固定端

60x60mm鍍鋅方管H: 2400mm

鋼索固定端

方管出線孔徑30mm
（此圖孔位於上方僅說明位置，實際開孔打底部）

方管出線孔徑30mm x6
（此圖孔位於上方僅說明位置，實際開孔打底部）

60x60mm鍍鋅方管桌腳結構

圖1 造型掛勾與桌邊飾弧

圖2 H30mm鋼索固定掛型口

圖3 H50mm造型邊緣彎型口

圖4 H40mm鋼索固定直板

圖5 H40mm造型掛勾(折90度)

圖6 30x40mm方管出線口(縱向)

圖7 30x40mm方管出線口(橫向)

圖8 桌腳與桌板交疊

Part 2　建材的呈現形式 ____ CHAPTER 2　建材創新運用解析　　067

圖片提供__有序生活製作所

大小比例／呈現角度／拼貼技法／✎ 線條變化／溝縫處理

形隨機能而生的鐵件扶手

如微笑曲線般的鐵件，成為了聯通一樓與閣樓空間樓梯的扶手，讓大人小孩在通行使用時，作為可抓握的支撐。有序生活製作所設計師陳敬儒表示，扶手線條是為了配合機能而存在的，黑色的鐵件與線條在大面積使用塗料的空間中，成為視覺焦點。鐵件扶手的結構除了弧線之外，45度角方向的線條，具有斜撐的作用，使結構更加穩固。

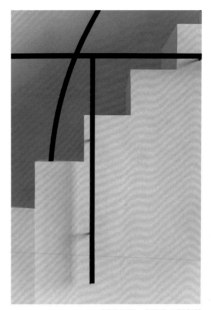

細節處理：訂製的黑色鐵件與立面結合，看似簡單的線條，實則為不同的機能而存在，弧形線條便於爬梯時的抓握，直線的線條則具有結構性的作用，與牆面預埋的鐵件接合固定。

圖片提供＿有序生活製作所

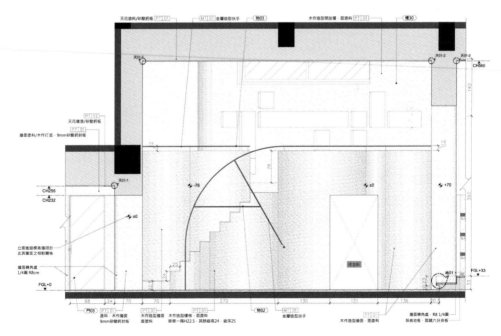

圖片提供＿有序生活製作所

圖片提供__覺知造所

大小比例／呈現角度／拼貼技法／◣ **線條變化**／溝縫處理

以弧線過渡中島的陰、陽角

中島設計必須同時乘載調理烹飪與用餐等兩種不同的作業行為，廚房流理檯常見尺寸為90cm，而舒適的坐姿用餐檯面尺寸則為70～75cm，覺知造所主持設計師胡廷璋選擇以弧形的量體設計，弱化銳利的角度與線條，將一體成型的不鏽鋼中島電鍍，使金屬表面呈現如「鎏金」般漸變的質感與光澤。為使量體視覺上更加輕盈，保留兩端櫃體與洗碗機的空間後，流理檯中段以懸空的方式存在，保證量體的通透性。

細節處理：所有型態的存在皆有意義，如同弧形線條的存在，使兩個不同高度的檯面得以連接，由操作檯面向下延伸的平面終點則化為用餐時擺放餐時的桌面。

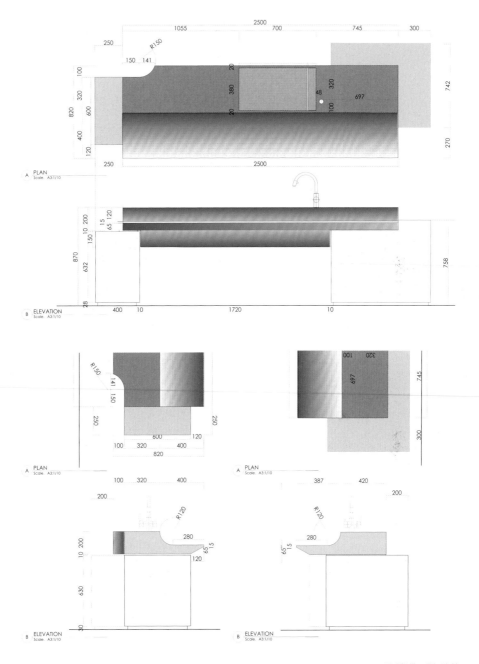

A   PLAN
   Scale. A3:1/10

B   ELEVATION
   Scale. A3:1/10

A   PLAN
   Scale. A3:1/10

A   PLAN
   Scale. A3:1/10

B   ELEVATION
   Scale. A3:1/10

B   ELEVATION
   Scale. A3:1/10

圖片提供__覺知造所

圖片提供＿向度設計 Degree Design

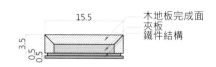

15.5

3.5
0.5
0.5

木地板完成面
夾板
鐵件結構

01
SD
旋轉樓梯踏面大樣圖

1:5

圖片提供＿向度設計 Degree Design

圖片提供＿＿向度設計 Degree Design

大小比例／呈現角度／拼貼技法／ 🖊 **線條變化**／溝縫處理

迴旋階梯，兼具輕盈視覺並提高坪效

為了避開開門後直接看到樓梯，及如何在15坪的複層空間裡，兼具動線與放大空間，利用靠窗的角落規劃出迴旋狀的樓梯。樓梯選用與空間一致的白色基底，模糊整體空間界線，加上鏤空梯面線條展現出輕盈與通透感，放大視覺；搭配海島木地板的踏階，踩踏時可感受家的溫度。

細節處理：以圓形直徑130cm、踏面含扶手60cm為階梯範圍；階梯地板選用深木紋海島型地板為基底，結合圓形不鏽鋼收邊；以符合人體工學的18cm定位踏階距離，鐵工固定柱體，最後再焊接弧形扶手立面。

圖片提供＿StudioX4 乘四建築師事務所

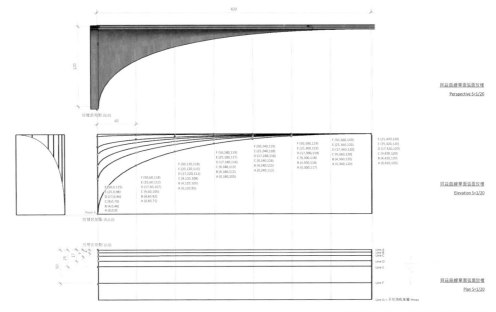

貝茲曲線單面弧面放樣
Perspective S=1/20

貝茲曲線單面弧面放樣
Elevation S=1/20

貝茲曲線單面弧面放樣
Plan S=1/20

圖片提供__ StudioX4 乘四建築師事務所

大小比例／呈現角度／拼貼技法／◣ **線條變化**／溝縫處理

貝茲曲線攫住視覺焦點

這案場是一個四面採光的居住空間，StudioX4 乘四建築師事務所建築師程禮譽面臨兩個思考點，如何製造空間焦點與解決收納問題？在此處因為要置入一架立式鋼琴，考量音場全面性，決定將鋼琴放置在角落，取90度音場減少壁面干擾，再利用木造結構的貝茲曲線，將視覺焦點收攏集中，同時將琴譜投射燈光設置於端點處，解決照明問題，既可巧妙利用強烈的視覺效果來降低收納量體突兀感，也能讓屋主有個欣賞星空城市的放鬆空間。

細節處理：因貝茲曲線是非同心圓曲線，此處以20cm寬長條夾板，搭配結構體每30cm設置的骨架，順方向以扇形方式塑起外型。需注意木頭纖維是單向度成長，以及木纖維走向，讓夾板彎曲方向跟纖維走向垂直來形成曲面，否則夾板將容易斷裂。

圖片提供__ StudioX4 乘四建築師事務所

大小比例／呈現角度／拼貼技法／🖊 **線條變化**／溝縫處理

以線條創造形義相符的空間

商業空間的設計，除了美觀更期待能體現餐飲品牌的特性，此基地前身為台北酒工場——米酒仕込室，現今則化為餐酒館。覺知造所主持設計師胡廷璋利用場域挑高優勢，結合品牌調性，藉由啜飲如湖面般的液態調飲，連結並觸動視覺感官，讓空間形體隨著啜飲的動作，產生漸層、擴散、共振等型態的變化。木作構築的線條如漸變的漣漪般，出現在壁面與吧檯。

細節處理：礦物塗料的色澤，取自釀造米麴的原料——精米；啤酒機設計結合場域歷史，以不鏽鋼桶釀造槽體為發想，結合金屬元素，也提升了空間的層次感與精緻度。

圖片提供＿覺知造所

圖片提供＿覺知造所

圖片提供＿禾良一設計、Anche Studio

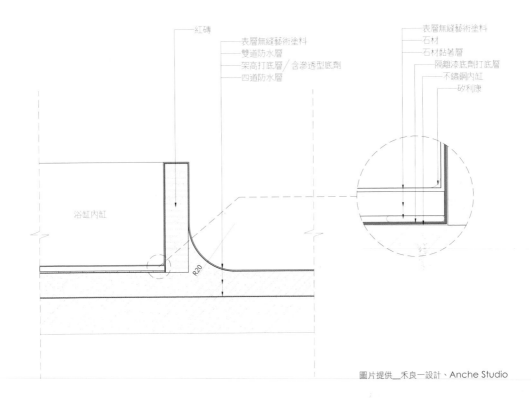

表層無縫藝術塗料
石材
石材黏著層
隔離漆底劑打底層
不鏽鋼內缸
矽利康

紅磚
表層無縫藝術塗料
雙道防水層
架高打底層／含滲透型底劑
四道防水層

浴缸內缸

R20

圖片提供＿禾良一設計、Anche Studio

大小比例／呈現角度／拼貼技法／🖊線條變化／溝縫處理

隱藏鐵件結構，讓圓形浴缸形體更細緻

「山久蒔×勺光」民宿為突顯開放衛浴的獨特性，5間客房中有3間都是採用訂製預鑄浴缸，以「久居」房型為例，因應空間尺度將浴缸直徑放大至130cm左右，工法上先利用鐵件材質打造內缸結構，一方面可強化防水功能，接著鐵件外圍依序堆疊紅磚、泥作打底，最後再塗布藝術塗料，整體呈現正圓形的細緻度，但同時兼具泥作手工感的自然樸實質感。至於浴缸高度則設定45cm左右，加上圓弧線條設計，即便是幼兒進出也沒問題。

細節處理：工法上先利用鐵件材質打造內缸結構，接著鐵件外圍依序堆疊紅磚、泥作打底。鐵件內缸主要也是可以加強防水，預防紅磚部分發生龜裂情況，還有一層可以作為阻擋。泥作打底完後先進行2～3道的滲透型防水，用意在於將底層泥作固化，接著表層再上2～3道的彈性水泥，強化防水性能。泥作、防水塗料處理完後，最後再塗布藝術塗料。

圖片提供＿禾邸設計 Hoddi Design

大小比例／呈現角度／拼貼技法／ 線條變化／溝縫處理

石材檯面一體成形，直線條轉為優雅弧面

衛浴空間裡，透過石材檯面一體成型的設計，串聯洗手檯與泡澡功能，同時模糊場域的分野。造型上從直線到弧形線條形成完整立面，透過檯面延伸的效果，將不同量體的融合與交疊性，形成動線上的延伸，有助於整體氛圍的交融與和諧性。

細節處理：施工現場與工廠的連結度很重要，包含石材檯面安裝的位子。而石材檯面的尺寸、角度與形狀，必須事先在工廠進行設計、裁切，最後再到現場進行安裝。

圖片提供＿禾邸設計 Hoddi Design

圖片提供__工一設計

圖片提供__工一設計

大小比例／呈現角度／拼貼技法／線條變化／溝縫處理

建材隨聲音視覺化展現

定位為視聽空間的場域，對於聲音傳導的機能性有著極高的要求，在不能影響聲音表現的條件下，工一設計主持設計師張豐祥將天花板以可單片拆換的概念進行規劃，在材質上選擇粗細比例不過度工整的棉線，搭配鐵框固定的手法，藉由比鋼線柔軟的棉線軟化聲音，並透過棉線粗細不一的回字型手工線條，製造穿透的空氣感，讓軟裝元素翻轉為硬體裝修。

<u>細節處理</u>：在外框處理上必須先施作L型的鐵件支撐再做木框，完成後再進行繞線，並在框架上每隔1.5～2cm的間距預留刻痕，用來繃緊棉線加以固定。

大小比例／呈現角度／拼貼技法／🖌 線條變化／溝縫處理

共融穿透與安定，置前輪廓成焦點

此面電視牆介於客廳與書房之間，運用玻璃磚是採納其光線流通的特性，與兩片灰色的鐵件結構結合，給予書房裡安定牆面，不因穿透性而被其他區域的聲響影響，鐵件材料同時能作為磁吸留言板。此牆面採用H型鋼立柱作為整體結構支撐，以及兩片鐵件內部作強化結構，需考量向上支撐玻璃磚的力量，以及鐵片上懸的層板寬度。玻璃磚為施工後期施作，避免碰撞風險，此過程需留意玻璃磚與鐵件的結合。

細節處理：利用材料前後的位置，讓前方材料的輪廓成為視覺焦點。此設計為兩片鐵件夾玻璃磚的做法，鐵件內部不疊磚，搭建支撐結構鎖進地板。

圖片提供＿湜湜空間設計

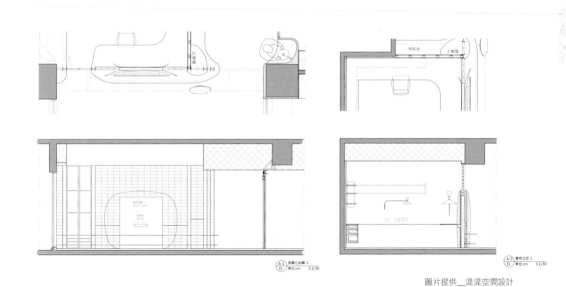

圖片提供＿湜湜空間設計

圖片提供＿非常態空間製作所

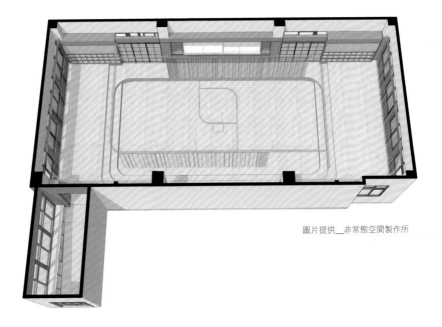

圖片提供＿非常態空間製作所

大小比例／呈現角度／拼貼技法／🔌 **線條變化**／溝縫處理

直線與曲線的交匯，轉化線性元素

特別訂製的藍色線性量體由天花板懸吊，形成獨特的燈光和窗簾軌道系統，搭配可調整的布簾呈現多樣使用方式，讓空間配置可應需求而變。布簾沿著教室內流動時，漸層照亮，懸浮燈光與地板階梯交相呼應，勾勒出空間的律動。除了遮陽、吸音功能，中央對稱、可移動的雙色布簾，應演出需要成為前檔幕或背景幕，與整體抬升後的階梯空間，打破教室刻板印象。從平面到立面的線性元素——功能性燈光和布簾設計，豐富了空間的多樣性和實用性。

圖片提供＿非常態空間製作所

細節處理：原天花板頗高，以懸吊方式完美將布簾軌道與燈具暗藏在長條木作裡，平面配置上呼應地板的階梯區形狀以直條狀於轉角處以弧形修飾，搭配結構支撐，勾勒出簡潔俐落的線性元素。

圖片提供＿初向設計

大小比例／呈現角度／拼貼技法／◆ **線條變化**／溝縫處理

剛硬材質展現柔美曲線

居家空間中通往房間的走道較為狹長、陰暗，因此初向設計設計師曾國峰決定藉由圓弧狀的牆面設計加大開口，引入採光讓廊道變得明亮、不成為空間中的暗角。基於整體空間的簡約俐落風格，弧形牆面上選用5mm厚的黑鐵噴漆製作展示層架，需先由木工製作弧形板給鐵工，確認黑鐵位置後再由木工施作夾縫固定鐵件，工種合力展現出剛硬黑鐵的完美弧度。

細節處理：黑鐵重量重，壁面必須選用6cm的大支角料才有足夠支撐力，同時層架也規劃交錯的鐵件立板設計，焊接咬合加強支撐性及使用安全性。

圖片提供＿初向設計

圖片提供__向度設計 Degree Design

大小比例／呈現角度／拼貼技法／線條變化／✏ **溝縫處理**

溝縫延伸柔色調背景，鋪敘漸層溫馨感

在女性居住的空間裡，讓溫潤的大地色系為基底，藉由不同材質肌理銜接，體現和諧一致，又不失豐富視覺。餐廳背牆作為公領域主視覺牆，鋪陳漸層米色馬賽克磚，多了份趣味感，與粗糙質感的水磨石中島，營造出平滑與粗獷質地的對比視覺；結合米色調溝縫，整體風格一致又不過於突兀，也不用擔心使用白色溝縫容易變黃的問題，日常清潔顯便利。

細節處理：如果背景牆選用一整面的磚牆，視覺上會過於強烈，因此選擇融合性較高的馬賽克磚取代之。並選用漸層的米色馬賽克磚，創造漸層的視覺層次，再輔以米色溝縫，呈現和諧視覺。

鐵門_面刷特殊漆_土色 PA-03
縫面_直貼磁磚_土色長方形馬賽克 TL-07
溝縫側向同馬賽克磚
此貼磚溝縫內需留些許軌道

牆件橫拉門_面刷油漆_依現場接仰 MT-03
牆件橫拉門_面玻5MM長虹玻璃 GL-01
鐵面_面刷特殊漆_土色 PA-03

圖片提供__向度設計 Degree Design

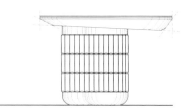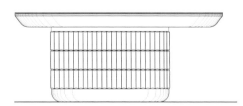

圖片提供＿湜湜空間設計

圖片提供＿湜湜空間設計

(A) 餐廳中島詳圖
單位:mm   S:1/20

(B) 餐廳中島詳圖
單位:mm   S:1/20

圖片提供＿湜湜空間設計

大小比例／呈現角度／拼貼技法／線條變化／🖌 溝縫處理

大膽線條與配色，形塑自在氛圍

此廚房空間延續自由灑脫的線條語彙，呈現於天花與中島不規則量體，也因為空間尺度較大，中島作為連結廚具區與茶水區的過渡，功能上也方便屋主料理備菜，色系搭配因應屋主偏好的豐富變化，中島以亮色雕塑成為視覺亮點。中島磁磚與茶水區牆磚選擇同系列產品，在活潑的空間中，以色澤、材質鋪排一致調性。以色彩整合中島的異材質，讓木作、磚、塗料、石材彼此相接融洽，磚縫細節處亦選擇與塗料貼合的橘紅色系。

細節處理：中島組成為木作結構，塑形後接著貼磚、上塗料，磚與磚之間留有熱脹冷縮的孔縫，選用橘紅色與塗料相近的填縫劑，避免同一平面上有過大的色差。

圖片提供__ Studio In2 深活生活設計

大小比例／呈現角度／拼貼技法／線條變化／🔖 溝縫處理

運用調色填縫，賦予空間獨特表現

磁磚填縫劑有多種選擇，能根據需求調整顏色，若想突顯磁磚縫，可選擇對比或跳脫顏色，強化線條和矩陣效果。此案透過黑色填縫劑的凹凸創造線條系統，使其不過於明顯，但希望仍保有隱約線條感。填縫劑通常具有基本的防霉特性，但仍需視屋主對清潔的敏感程度，並且依設計風格做最適切的選擇，如果使用深色填縫劑，因深色相對不容易顯示汙垢，也容易維護。

細節處理：地坪從玄關到客餐廳，以不同的材質交接。室內選用了超耐磨密集板，所以需在伸縮縫交接處將伸縮縫留大一點，以防膨脹變化，提高修繕保固。

圖片提供__ TaG Living 創夏設計

大小比例／呈現角度／拼貼技法／線條變化／ ◣ 溝縫處理

灰色溝縫創造陰影，突顯立體感

此空間為跨領域團隊的辦公室，將戶外材料運用於室內，表現不同領域間的合作。空心磚看起來粗糙，觸感卻是柔和平整，能順利融入室內空間，其結構有孔洞，利於室內吸音，此案運用於會議室、主管辦公室這些需要安定的空間。考量戶外空心磚的結構組成，以及此面牆的高度達3米，採用植筋工法，以穩固整體結構。溝縫的顏色配合磚做選擇，以水泥調為深灰色，恰好磚的深淺不一，光線的照射下有陰影呈現，使牆面視覺有了層次漸變的趣味。

細節處理：堆此牆時需有三位師傅同時施作，一人堆磚、一人抹水泥漿、一人刮除多餘泥漿，抓緊時間做好溝縫的收尾，彼此配合的步調流暢進行，才能確保溝縫的細緻度與磚的平整性。

圖片提供__ TaG Living 創夏設計

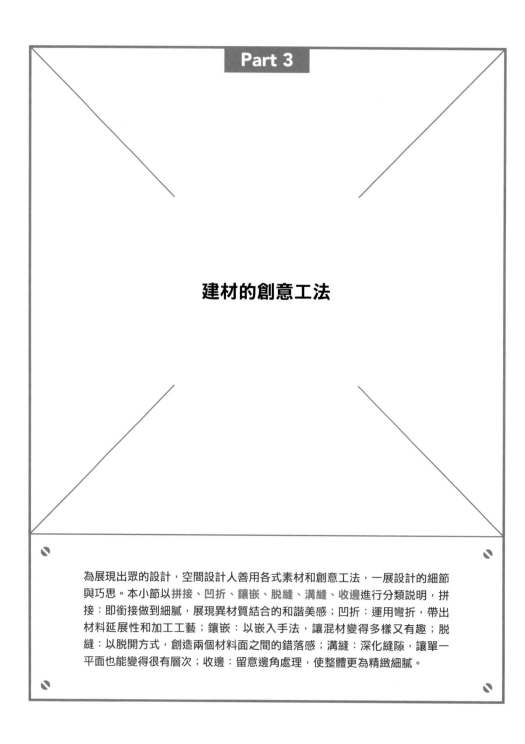

Part 3

建材的創意工法

為展現出眾的設計，空間設計人善用各式素材和創意工法，一展設計的細節與巧思。本小節以拼接、凹折、鑲嵌、脫縫、溝縫、收邊進行分類說明，拼接：即銜接做到細膩，展現異材質結合的和諧美感；凹折：運用彎折，帶出材料延展性和加工工藝；鑲嵌：以嵌入手法，讓混材變得多樣又有趣；脫縫：以脫開方式，創造兩個材料面之間的錯落感；溝縫：深化縫隙，讓單一平面也能變得很有層次；收邊：留意邊角處理，使整體更為精緻細膩。

◊ **拼接**／凹折／鑲嵌／脫縫／溝縫／收邊／鏤空

善用金屬網拼接，注意尺度、確保牢固

以自然質樸氛圍為設計主調，IN-Xian Design 引線設計透過輕透的金屬網隔間元素實現室內外邊界的模糊，使光線穿透並連結視線，讓路過的人輕鬆駐足感受都市小綠洲。金屬網的兩側連接方式透過焊接，使其上下重疊形成頂天立地的結構，鋼筋展示架作為內部骨料。在拼接過程需特別注意金屬網的尺度問題，以及保持平整度，同時注意與天花板、地板的焊接點，確保整體牢固，達到美觀實用兼具的效果。

細節處理：拼接大型金屬網需注意尺度，本案使用一前一後方式拼接，中間為鋼筋展示架，當尺度過高易使材質鬆軟，需謹慎保持平整。

圖片提供__Üroborus_studioLab:: 共序工事　攝影__丰宇影像 Yuchen Chao Photography

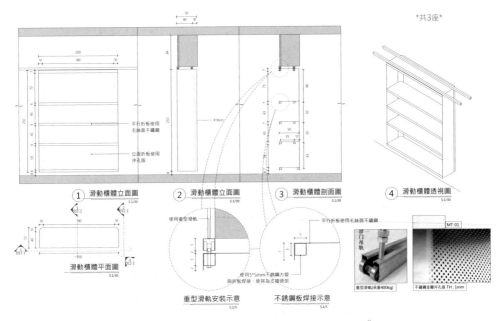

① 滑動櫃體立面圖 S:1/30
② 滑動櫃體立面圖 S:1/30
③ 滑動櫃體剖面圖 S:1/30
④ 滑動櫃體透視圖 S:1/30

滑動櫃體平面圖 S:1/30

平行折板使用毛絲面不銹鋼
立面折板使用沖孔版

共3座

使用重型滑軌
使用5*5mm不銹鋼方管與折板焊接，使其為支撐骨架
重型滑軌安裝示意 S:1/5

平行折板使用毛絲面不鏽鋼
不銹鋼板焊接示意 S:1/5

移門吊軌
重型滑軌(承重400kg)

MT-01
不鏽鋼金屬沖孔版 TH：1mm

圖片提供＿Üroborus_studioLab:: 共序工事

🔖 **拼接**／凹折／鑲嵌／脫縫／溝縫／收邊／鏤空

焊點不留痕跡，讓金屬櫃體乾淨又有型

位於新北市土城的新北高工模具科孕育了許多工程師，若想進行拜訪，一樓的川堂是進入教學樓的必經之地，但，原川堂入口空間處因燈源不足，整體略顯陰暗又無生氣，再加上缺乏有效的規劃下，導致空間機能破碎。Üroborus_studioLab::共序工事從模具科和鐵件鑄造出發，以三個金屬展架來做回應，一方面借助金屬創造未來意象，另一方面也藉由材質營造臨近性和熟悉感。此外，這三個金屬展架，除了兼具展示與教學用途，特別結合軌道創造可移動性，讓師生可隨需求轉換使用場景。

細節處理：每一片沖孔板寬1.2米、高2.4米，考量到學生移動金屬展架時的好移動性，每一片厚度為0.12mm，而每一座金屬展架主要是由三片沖孔板以焊接方式所組成，中間層架則為毛絲面不鏽鋼；由於焊接時會留下焊接痕跡，特別將焊點立於櫃體內側，以維持櫃體立面的乾淨與簡潔。

圖片提供__ Üroborus_studioLab:: 共序工事　攝影__李易暹攝影工作室 Yi-Hsien Lee and Associates YHLAA

✏ **拼接**／凹折／鑲嵌／脫縫／溝縫／收邊／鏤空

鎖固式拼接，創造乾淨俐落的視覺效果

由於品牌在設計前就提出，希望空間設計所使用的材料能重複循環再利用，對此設計團隊在設計隔間系統時，就朝可拆卸角度切入，將鍍鋅鐵板、角鐵以螺絲鎖固取代傳統焊接方式，日後真有打算撤場，金屬元件拆卸後能完全重複循環再利用，也能達成環境「零垃圾」目標。為了維持櫃體立面完整性，將固定點設於內側，一個角鐵銜接兩片鍍鋅鐵板，最終再以螺絲固定；另外為了讓單體功能更多元，也嘗試將鐵管搭配 U 字型固定片鎖於其上，即能作為吊衣架。

[細節處理]：由於鎖固方式只靠螺絲固定，為使整體更牢固，在鎖的時候有特別加了墊片，其主要是用來增加螺絲的接觸面積，當接觸面積變大、摩擦力也大，也就不容易鬆開。

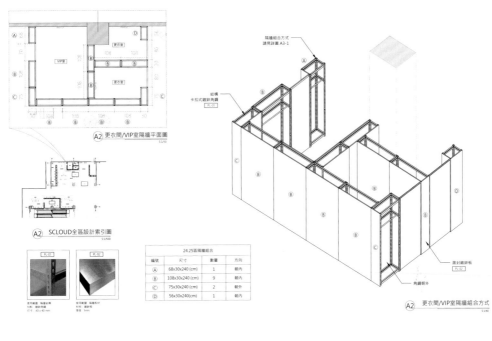

(A2) 更衣間/VIP室隔牆平面圖
S 1/50

(A2) SCLOUD全區設計索引圖
S 1/500

24.25區隔牆組合			
編號	尺寸	數量	方向
A	68x30x240 (cm)	1	朝內
B	108x30x240 (cm)	9	朝內
C	75x30x240 (cm)	2	朝外
D	56x30x240(cm)	1	朝內

隔牆組合方式
請見詳圖 A3-1

結構
卡扣式鍍鋅角鋼
PL-01

面封鍍鋅板
PL-07

角鋼鎖外

(A2) 更衣間/VIP室隔牆組合方式
S 1/40

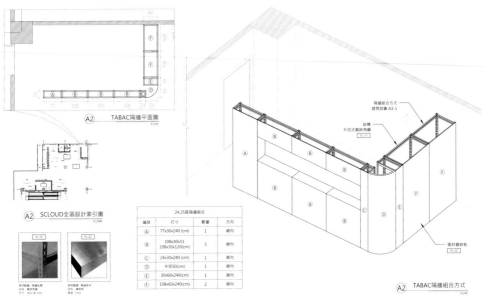

(A2) TABAC隔牆平面圖
S 1/50

(A2) SCLOUD全區設計索引圖
S 1/500

24.25區隔牆組合			
編號	尺寸	數量	方向
A	77x30x240 (cm)	1	朝內
B	108x30x51 108x30x120(cm)	3	朝內
C	24x30x240 (cm)	1	朝內
D	半徑50(cm)	1	朝內
E	30x60x240(cm)	1	朝內
F	108x60x240(cm)	2	朝內

隔牆組合方式
請見詳圖 A3-1

結構
卡扣式鍍鋅角鋼
PL-01

面封鍍鋅板
PL-07

(A2) TABAC隔牆組合方式
S 1/40

圖片提供＿Üroborus_studioLab:: 共序工事

◈ 拼接／凹折／鑲嵌／脫縫／溝縫／收邊／鏤空

免螺絲接合，安裝拆卸皆輕鬆

Üroborus_studioLab::共序工事創辦人洪浩鈞表示，因「循環、
再生」這個概念，那時就一直在思索易於安裝與拆卸的鎖扣設計，
剛好角鐵除了常見的以鎖螺絲，也有不需鎖螺絲、以卡扣方式做接
合，既沒有破壞性，還相當好拆卸。於是在其中的陳列展架嘗試以
此作為設計，組裝輕鬆、結構也相對穩固，上層放上的是大理石板
材，也能展現出很好的支撐性。

細節處理：有別於鎖螺絲形式，這種類似卡扣或卡榫的固定方式，
其孔洞上寬下窄的造型很像和葫蘆狀，當鎖頭放入孔洞再下壓後，
即能與方管牢牢緊扣住，不容易鬆脫。

圖片提供__ Üroborus_studioLab:: 共序工事
攝影__李易暹攝影工作室
Yi-Hsien Lee and Associates YHLAA

🍃 **拼接／凹折／鑲嵌／脫縫／溝縫／收邊／鏤空**

半透隔間，開拓視野融合空間

十幸制作 TT Design於公司自營選物店後側的設計辦公室，設置於1964年建成的駁二藝術特區第26座倉庫內，前身為第一銀行高雄倉庫。取得空間使用權後，設計團隊便以最大限度延續倉庫氛圍為核心理念，將牆面房東新上的漆剝除至建物初始原貌，不添裝任何形式天花板。對外營業空間與設計辦公室之間場域區隔選用與倉庫場景契合的鍍鋅鋼板、落地霧面玻璃結合H型鋼構打造隔間，似霧非透如皮影燈箱，即使商店打烊了，只要辦公室有人，小劇場乘著時光涓流，不倉促謝幕。

細節處理：隔間結構鐵件依圖紙於工廠預製成型。但舊世代建物地面平整度不佳，故此，除配合泥作執行基礎地表整平，著地結構件銲接需依地勢傾斜現場微調，方能確保成品水平精準。

圖片提供＿非常態空間製作所

◆ **拼接**／凹折／鑲嵌／脫縫／溝縫／收邊／鏤空

拼接材質，趣味跳色的教學空間

設計規劃聚焦學生作品和教學器材的儲存、晾曬需求以及快
速清洗畫具功能。活潑的跳色風格選用藍色與紅色，線條與
幾何圖形排列，打破傳統教室形象，呈現靈感碰撞的世界。
兩座訂製水槽靠走廊側，牆面為紅藍相間烤漆玻璃，板面之
間嵌有五金——重柱，設置可靈活移動調節之展示架，既適
合作品展示，也方便學生放置清洗後的美術用具，將美術工
具融入教室擺設。整體強調材料拼接和功能性，突顯設計注
重實用與視覺效果。

細節處理：以平均尺寸相同的烤漆玻璃作為立面單元分割，
利用撞色烤漆作為視覺點綴，上方以細緻線性橘色細框收
邊，橫向置物層板採用透明壓克力製作以減輕視覺壓力。

圖片提供＿非常態空間製作所

◗ **拼接**／凹折／鑲嵌／脫縫／溝縫／收邊／鏤空

原樣舊窗框拼貼，關於歷史思考想像

「新州屋」曾是全新竹最高建築，其窗戶遠望可看至南寮海邊，II Design 硬是設計創辦人吳透觀照歷史來梳理設計脈絡，以二樓一方一圓的兩扇窗戶為起點，處處扣緊窗這個主題，在原屋主以前生活動線的鏤空牆面，蒐集不同顏色的台檜舊窗木料，層疊拼貼成一座裝置藝術品，高低錯落的窗框隱喻當年從「新州屋」窗戶所望見街廓建築櫛次鱗比的樣子。吳透表示，這個設計概念也是向日本藝術家塩田千春的創作「inside - outside」致敬，以表達從此處望出時關於歷史沉積的過往與思考。

細節處理：因為想盡量保留舊窗框原樣，每個窗框上的金屬絞鍊與鎖扣等五金，需耗費較多心思一一整理，前置作業也必須先找到4m×4m的地面進行試組合排列打樣，確定後再一一編號送到現場組裝。

圖片提供＿ II Design 硬是設計

🔖 **拼接**／凹折／鑲嵌／脫縫／溝縫／收邊／鏤空

相同材質拼出空間新意

不同於常見的木紋貼皮做法，初向設計設計師曾國峰運用夾板染色的設計手法打造拼接木質牆面的質感，雖然同樣是夾板，但細看顏色會有偏紅、偏黃、偏綠的差異，在挑選時盡可能選擇相同顏色、紋路較佳。在拼接手法上，運用多一些分割面的銜接營造豐富感，而在壁面轉彎處則選用可彎夾板做出弧度，需要留意的是可彎夾板角度有限，因此弧角不能太小。

細節處理：夾板屬於底材，邊角容易有破損，如果空間所在位置潮濕，也可能出現黏合不牢的狀況，通常會使用蚊釘固定後，再以油漆補強美化。

圖片提供__工一設計

◗ **拼接**／凹折／鑲嵌／脫縫／溝縫／收邊／鏤空

虛實交錯打造空間維度

打破一體成形的天花設計常規，工一設計主持設計師張豐祥採取拼接式手法設計大面積的天花板，在大片水染木皮天花板透過鐵框的分割，裁切出破格的空間維度。每格鐵框內又以粗細不一的棉線製造通透的網狀感，將空間高度再往上拉升，因為地面和立面都使用顏色較沉穩的材質，在天花板區塊以淺色的棉線搭配素色的木皮，也讓空間擁有不受壓迫的呼吸感。

細節處理：天花板使用的兩種材質——水染木皮與內包覆棉線的鐵框是分開的，不但不會有材質相接收邊上的問題，且棉線若是斷裂只要拆卸鐵框就能更換。

圖片提供__工一設計

圖片提供＿水相設計

✎ **拼接**／凹折／鑲嵌／脫縫／溝縫／收邊／鏤空

隱喻手法帶入園林樣貌

為創造出都市園林韻味，水相設計刻意將樓梯曲折，並以綠色基底的石材拼貼，取代常見植栽綠意手法，以石材自然紋理中的黃、紅、綠色等顏色深淺變化，來隱喻園林中的蜿蜒草徑，其尺寸大小也與地面廊道的馬賽克有所區隔，自然區隔出不同空間氛圍。在石材銜接面處理上，不論與天花接縫處或牆壁石材處，利用壓縮至50mm的風口，處理立面垂直面與天花的介面關係，其他與石材的交接處，可用退縮或突出手法直接與石材相接來收邊。

圖片提供＿水相設計

細節處理：因為是薄板石材，需特別處理蜂巢板斷面會露出的問題，以及如何隱藏後面掛件。一般來說，掛件加石材的厚度約為10cm，所以施工前需計算掛件所需要空間以及如何該如何隱藏。

◗ 拼接／凹折／鑲嵌／脫縫／溝縫／收邊／鏤空

木紋與磁磚的異材質，巧妙劃分場域機能

居家公領域裡，透過木紋與磁磚兩種材質作為軸線與區域劃分。左側客廳空間鋪陳木地板，形塑溫馨場域氣息；右側透過磁磚地坪鋪設過道空間，並延伸到內側的餐廚區。客廳與餐廚空間的天花板，分別以白色平釘天花板及深木皮天花拼接；餐廚空間位於低矮大梁，透過深色木皮包覆，形成美學造型，同時平衡牆面、地坪顯冰冷的石材造型，增添溫度。

<u>細節處理</u>：過去需要透過收邊條處理異材質銜接面，但可能發生熱漲冷縮等情況，造成地板隆起、不平整，帶來不舒適的居家體驗。依據現在的技術與施工則不需要，需精選優質工人進行施工即可。

圖片提供＿空間站建築師事務所

圖片提供＿空間站建築師事務所

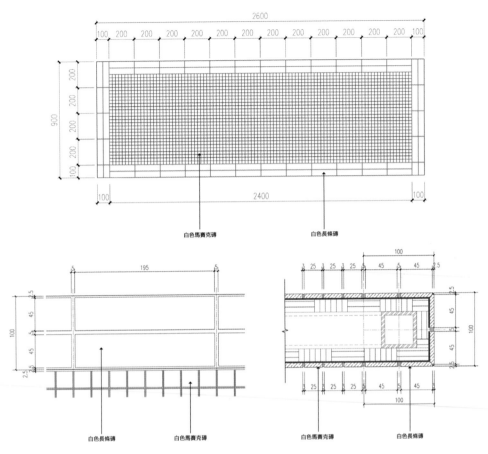

白色馬賽克磚　　　　　　白色長條磚

白色長條磚　　　白色馬賽克磚　　　　白色馬賽克磚　　　　白色長條磚

◆ 拼接／凹折／鑲嵌／脫縫／溝縫／收邊／鏤空

藉由不同尺寸與比例，玩出另類的一致性

前幾年彼古風潮颳起小白磚的使用風潮，看似普遍的材質，設計人嘗試從尺寸、比例、拼貼方式切入，為材質本身帶來讓人眼睛為之一亮的效果。空間站建築師事務所最初在設計這間咖啡店時，初期便拆除了原有牆面，將裸露的基礎水泥磚牆保留下來，與木質、白磚等一同構成了設計的元素。這種綜合運用不同材料的做法，考量功能性需求的同時，還借鑒籐編傢具的設計邏輯，將硬材料類比成柔軟的效果。

細節處理：當中材料的尺寸和比例以30cm為基準拼貼，盡可能讓一切的尺寸都符合倍數，來實現這個特殊材料的完整使用，不需要透過切割，也能保有吧檯設計的一體性。

圖片提供＿湜湜空間設計

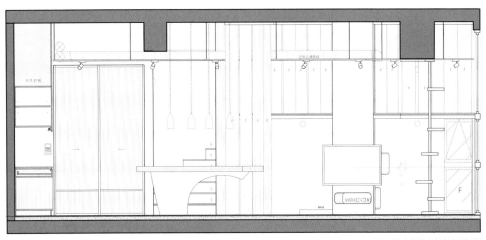

圖片提供＿涅涅空間設計

● **拼接**／凹折／鑲嵌／脫縫／溝縫／收邊／鏤空

窄幅玻璃也能拼貼出柔和弧度

屋主希望保持上下層的穿透視野，並且屏除實體扶手物件的設計，因此涅涅空間設計團隊決定採用Ｕ形玻璃。對於養寵物的家庭來說，此材質能避免毛孩從上層掉落，也能透過玻璃牆之間的縫隙創造動線開口。Ｕ形玻璃本身結構有穩定性，也有專用固定套件，此案為求精緻度，特別設計上下鐵件，地面以軌道方式嵌入，天花板由於沒有木工施作，因此特別從樓板延伸鐵件結構。

細節處理：由於施作的區塊有弧線造型，選擇寬度較小的Ｕ形玻璃拼出其弧度，上下鐵工固定軌道須先施作，銜接尺寸在前期需謹慎計算，組裝花費一天即可順利完成。

◆ **拼接**／凹折／鑲嵌／脫縫／溝縫／收邊／鏤空

不同方向堆疊玻璃磚，降低重量且體現層次

玻璃磚大部分運用於商空，此案為了體現居家空間的精緻度、視覺的延伸與穿透性，尚藝室內設計公司於樓梯處利用玻璃磚作為屏風功能，不僅可達到場域的界定，同時又可透過鏡面與玻璃磚的投射效果，營造視覺層次感。由於材質本身屬於冰冷特性，搭配燃燒意象的火爐及球體壁燈，挹注居家場域的人文溫度。

細節處理：此案選用實心玻璃磚，重量非常重，考量結構的穩定度，利用部分橫放來降低承載量；玻璃磚面交接處利用鐵件直立式支撐，並使用特殊的透明結構膠固定。

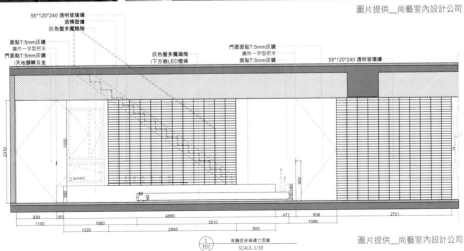

55*120*240 透明玻璃磚
酒精壁爐
灰色盤多魔踏階

面貼T:5mm灰鏡
鐵件一字型把手
門面貼T:5mm灰鏡
/天地醇鍊五金

灰色盤多魔踏階
/下方嵌LED燈條

門面面貼T:5mm灰鏡
鐵件一字型把手
面貼T:5mm灰鏡

55*120*240 透明玻璃磚

① 客廳面玻璃磚立面圖
E02
SCALE-1/30

圖片提供__ MIZUIRO 水色設計

圖片提供__ MIZUIRO 水色設計

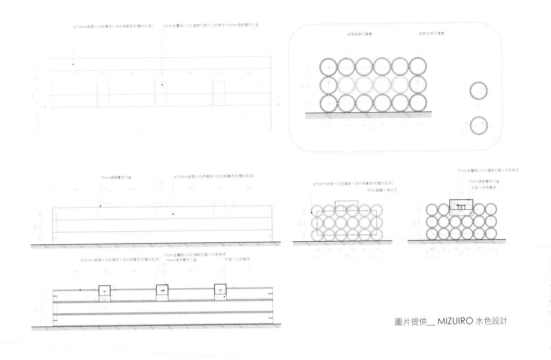

圖片提供__ MIZUIRO 水色設計

🖊 拼接／凹折／鑲嵌／脫縫／溝縫／收邊／鏤空

精準拼接材料，創造新穎大型傢具

為迎合新穎的咖啡店品牌概念，利用環保材質——紙管，替大面積坪數的店面設計出透過拼貼的做法結合長型、單元模組化的座位區，讓店內的傢具類型變得多元且有趣。材料單一純粹、色彩呼應白色系空間，獨特的設計成為店內亮眼的元素，整體具備應有的機能讓店裡的消費者可以舒適就坐。正上方中精準嵌入三顆具有品牌識別的透明壓克力盒子作為檯面使用供顧客放置餐點。此傢具設計不僅材料符合環保與永續性需求，更以簡約的結構實踐創意。

細節處理：150mm紙管只上了白色噴漆及消光保護漆（防塵抗刮漆）並在紙管的直向與橫向利用金屬件相鎖固定，而紙管兩側做90度切溝未來可視情況以扁鐵拼接形成補強結構系統。

圖片提供__ Üroborus_studioLab:: 共序工事　攝影__丰宇影像 Yuchen Chao Photography

拼接／◐ 凹折／鑲嵌／脫縫／溝縫／收邊／鏤空

圓潤弧度軟化金屬剛硬俐落的直線

Üroborus_studioLab::共序工事在思考這三座金屬櫃體時，一方面希望能淡化金屬給人太過銳利的視感，另一方面也顧及學生在使用上的安全性，因此在兩側以凹折方式將金屬板材做彎曲處理，圓弧效果既能製造出立體形式，亦能讓線條保持一定的輪廓感。另外，為了降低金屬櫃體的分量感，選以沖孔板為主，因其表面有一個一個的孔洞，若隱若現的特質，它既不會將空間做完全性的阻隔，同學們在移動櫃體的過程中，亦可打開視覺感知，既能感受到後方的光線，甚至是川堂裡熙擾往來的人群。

細節處理：金屬櫃體的材質為沖孔板，由於它在凹折時會產生延伸現象，為避免表面一個個的圓孔因凹折而變形，最終將凹折角度（即R角）設定為20R，弧度很剛好，又能維持沖孔板的完整度。

圖片提供__ Üroborus_studioLab:: 共序工事
攝影__丰宇影像 Yuchen Chao Photography

拼接／◖**凹折**／鑲嵌／脫縫／溝縫／收邊／鏤空

整齊劃一的俐落，數大就是美

維生管線重要性恰如其名所示，不言而喻。維持現代生活各式訊號、能量傳輸的線路更是五花八門族繁不及備載。既然建物原始功能是倉庫，未預留足夠的暗管走線，接手後也未有做天花板的計畫，那麼保留廣闊視野、管線暴露的工業風格十足合適。選用精準的預製管材及專屬銜接零件，確保其彎接處保持高度一致性，順應功能需求疊加，塑造數大為美的視覺觀感。

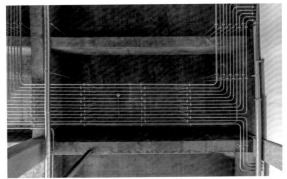

細節處理：颯爽素潔的整體美感，需管材安裝過程以雷射墨線儀輔助即時微調，安裝位置務求合理，確保日後維護餘裕；膨脹螺絲定位置需精準，善用全牙螺絲吊桿自帶彈性，慢工出細活。

圖片提供＿ MIZUIRO 水色設計

拼接／ 🌘 凹折／鑲嵌／脫縫／溝縫／收邊／鏤空

利用材料特性，折出輕盈簡約量體

為符合品牌的純粹風格，在諾大的空間裡除了品牌 LOGO 外，大型吧檯也為主要視覺焦點。沖孔板具有輕盈、可穿透的特性是建構吧檯上方懸浮上吊櫃量體絕佳材料，同時不讓人覺得壓迫且呼應下方吧檯實體。沖孔板量體轉角處經由 90 度凹折做法，延續整個量體的連貫性。ㄇ字型沖孔板懸浮櫃體下方同樣利用折法向內退縮配合下方吧檯的階梯造型。沖孔板的孔徑經客製化，讓燈光穿透時在吧檯後方牆面形成唯美的光斑，達到柔和的視覺效果。

細節處理：利用鐵方管作為結構材料，外觀以 t3mm 沖孔板包覆，利用沖孔板可凹折的特性，以 940mm 作為單元基準，創造出少於 50mm 寬的ㄇ字型量體，整體以消光烤白漆修飾。

圖片提供＿ MIZUIRO 水色設計

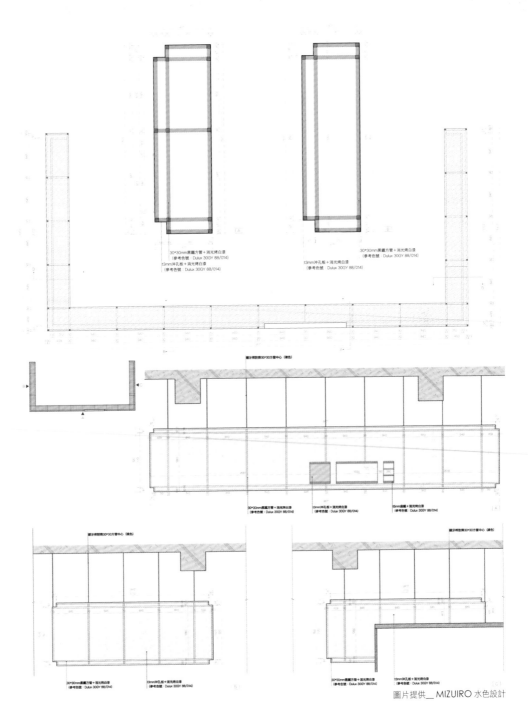

30*30mm黑鐵方管＋消光烤白漆
(參考色號：Dulux 30GY 88/014)
t3mm沖孔板＋消光烤白漆
(參考色號：Dulux 30GY 88/014)

30*30mm黑鐵方管＋消光烤白漆
(參考色號：Dulux 30GY 88/014)
t3mm沖孔板＋消光烤白漆
(參考色號：Dulux 30GY 88/014)

鐵分格對齊30*30方管中心（陳色）

30*30mm黑鐵方管＋消光烤白漆
(參考色號：Dulux 30GY 88/014)
t3mm沖孔板＋消光烤白漆
(參考色號：Dulux 30GY 88/014)
t3mm鐵層＋消光烤白漆
(參考色號：Dulux 30GY 88/014)

鐵分格對齊30*30方管中心（陳色）

30*30mm黑鐵方管＋消光烤白漆
(參考色號：Dulux 30GY 88/014)
t3mm沖孔板＋消光烤白漆
(參考色號：Dulux 30GY 88/014)

鐵分格對齊30*30方管中心（陳色）

30*30mm黑鐵方管＋消光烤白漆
(參考色號：Dulux 30GY 88/014)
t3mm沖孔板＋消光烤白漆
(參考色號：Dulux 30GY 88/014)

圖片提供＿ MIZUIRO 水色設計

圖片提供＿ IN-Xian Design 引線設計

拼接／🌑 凹折／鑲嵌／脫縫／溝縫／收邊／鏤空

運用凹折線條，打破傳統硬派形象

有別於一般Barber Shop硬派的既有印象，主理人希望能打造優雅放鬆的場域。因此IN-Xian Design 引線設計將外牆以碳化木立面肌理呈現穩重安靜的質感，並引導視覺聚焦於此。退縮傾斜的立面藉由開口、透明性、座椅及銅板凹折尺度的變化，為顧客創造彈性的使用行為與視覺經驗。其中，凹折設計除了展現銅板的光澤感，搭配內部黃銅櫃檯的延伸，形塑出立體感。值得注意的是，銅板薄且易刮傷，工法上需考慮安全性和視覺效果完整性，製造R角以防止刮傷。

細節處理：使用銅的凹折，下折過程需特別注意細節和周邊處理。本案選擇30cm×30cm的銅板，減少裁切，降低銳利邊緣傷害風險。另外，下折的厚度和深度也需依結合的異材質進行評估。

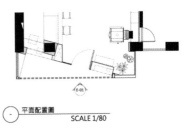

平面配置圖
SCALE 1/80

3mm/th 不鏽鋼烤漆字
金色

1mm/th 不鏽鋼烤漆・金色

1mm/th 不鏽鋼烤漆字
金色

3mm/th 不鏽鋼烤漆字
金色

D1 正立面圖 scale 1/3

側立面圖 scale 1/3

層板 木芯板 染色(紅梅)
櫃台 面貼0.5mm黃銅板
底面實木染色(紺青)
手工漆單色研磨 (奶茶色)

8mm/th
造型強化清玻
門片
實木染色(紅梅)

8mm/th 強化清玻
等候椅 面貼
0.5mm黃銅板

壁燈(金色)
LOGO底板木心板補強
裂紋企口式碳化木
表面護木油處裡

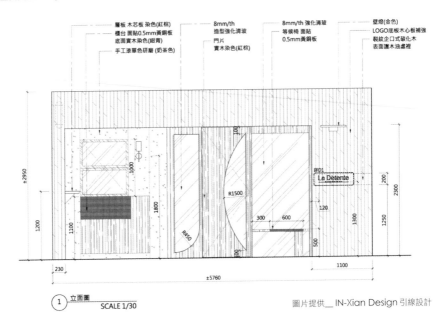

① 立面圖
SCALE 1/30

圖片提供__ IN-Xian Design 引線設計

圖片提供＿ Üroborus_studioLab:: 共序工事　攝影＿李易暹攝影工作室 Yi-Hsien Lee and Associates YHLAA

拼接／◗ 凹折／鑲嵌／脫縫／溝縫／收邊／鏤空

凹折塑形，展現金屬的豐厚感

金屬板材透過加工，能夠創造出各式各樣的造型。Üroborus_studioLab::共序工事在組合可拆卸的隔間系統時，除了將每一片0.2mm厚的鍍鋅鐵板以直立式呈現，在TABAC吧區則嘗試加入了凹折處理，藉由彎曲塑形創造出想要的圓弧角度，為單元體帶來不一樣的輪廓，也充分展現金屬的軟性張力。

細節處理：鍍鋅鐵板在進行彎曲時，其本身材質有一定的強度極限，倘若超過該極限值就會產生裂紋或折斷，經過不斷地測試後，將凹折角度設定在60R。

圖片提供＿ Üroborus_studioLab:: 共序工事
攝影＿李易暹攝影工作室
Yi-Hsien Lee and Associates YHLAA

圖片提供＿覺知造所

拼接／ ◗ 凹折／鑲嵌／脫縫／溝縫／收邊／鏤空

可隨心規劃使用的門片設計

為使各個分項空間融為一體，設計者將收納與機能隱納到空間的壁柱之中，利用漸層的鍍鈦板作為飾面，將電視櫃與餐櫃隱閉，可以凹折的門片，方便居住者可隨當日的使用規劃與狀態，決定選擇串聯或封閉不同空間的大小與形狀，使居住狀態更加地隨心與自由。門片除了關閉與開啟之外，也能呈45度的開啟狀態，在視覺上呈現如摺紙扇般的序列效果。

細節處理：門片表面以漸層的鍍鈦板貼覆，當門板處於不同使用狀態時，視覺畫面也會隨之改變，金屬可映照光線的特性，也讓居住者在室內也能感受一日四時的變化。

圖片提供＿StudioX4 乘四建築師事務所

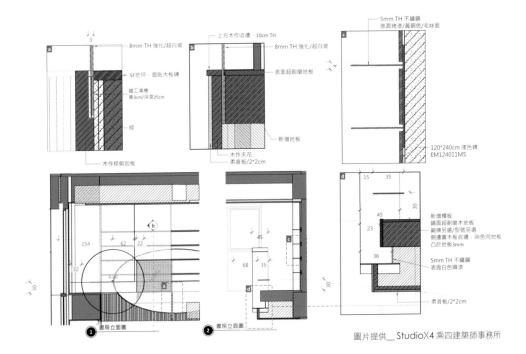

圖片提供＿ StudioX4 乘四建築師事務所

拼接／ ◐ 凹折／鑲嵌／脫縫／溝縫／收邊／鏤空

圓形結構兼具力學與開放視線

此處利用複層挑高空間設置書桌打開上下對話，書桌構造以力學角度出發，使用結構力最強的圓形鋼構維持承重性，藉以設置出桌面與扶手，同時鋼構整體線條可輕薄宛若紙張，亦呼應了書桌的功能性，而圓形亦構築了空間設計元素，與對向電視牆的圓形端景互為對照。StudioX4 乘四建築師事務所建築師程禮譽指出製作巨大圓形鋼構的困難點，在於如何從工廠運送到現場安裝，此時需注意工序的安排，才能讓切成兩個半圓的鋼構順利進入案場組裝。

細節處理：凹折鋼板的過程中，弧形會因為彈性作用比預期更發散，因此組合前要計算好角度，否則整座鋼構高達200多公斤，無法利用鎖緊的力道來強制凹折。

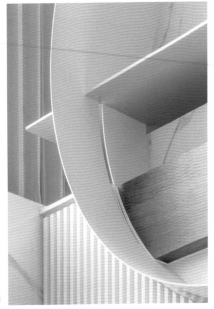

圖片提供＿ StudioX4 乘四建築師事務所

圖片提供__ StudioX4 乘四建築師事務所

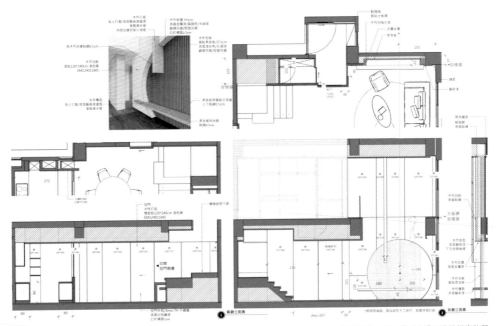

圖片提供__ StudioX4 乘四建築師事務所

拼接／◥凹折／鑲嵌／脫縫／溝縫／收邊／鏤空

同形異材產生空間韻律感

StudioX4 乘四建築師事務所擅長選擇最適合屋主的居住風格與元素，以同形異材、或是同材異形的方式，在空間中重複出現以強化印象。此處電視牆以石材搭配鋼構、格柵與塗料形成不穿透視線的圓形，與對向的圓形鋼構書桌產生連結，以同樣形體但是不同材料的搭配，來產生空間韻律感。牆面以薄板磚大尺寸特性讓壁面無溝縫，再搭配木材圓弧與鋼構圓弧的異材同形，去呈現互相呼應的質感。

細節處理：薄板磚尺寸為1m×3m或120cm×240cm，因尺寸很大需要6位施作人員一同進行安裝；此外在工廠切割圓弧線時也需十分精準，否則會造成薄板磚的材料浪費。

層板/背板後LED鋁製燈條_色溫3000K

牆面_面刷特殊漆_土色
PA-03

吧台_面貼水磨石_SB220 ST-02

吧台檯面留設活動蓋板/蓋板下留設插座

02
SD

02
SD

CH 280

CH 240

2

44

49

49

45

254

82

90

23 23 23

拼接／凹折／鑲嵌／脫縫／溝縫／收邊／鏤空

米色水磨石中島，融入復古台式回憶

由於整體居家空間以柔和的米色調為基底，向度設計Degree Design在餐廳背牆透過亮面的馬賽克磚鋪陳，搭配米色基底的水磨石中島吧檯，回味復古的台灣生活感。水磨石立面揉合米、灰漸層顏色石頭質地，提升視覺層次感；而本身花俏感的紋理特性，縱使有汙漬殘留的情況，較不易被發現，易保養。

<u>細節處理</u>：水磨石約兩公分厚度，凹折出ㄇ字型邊框，為了彰顯輕薄的視覺美感，特別於框內側斜切45度，並於交界處預留溝縫，最後再美化修飾、創造陰影視覺。

圖片提供＿向度設計 Degree Design

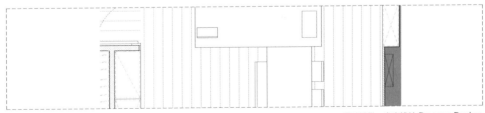

圖片提供＿向度設計 Degree Design

圖片提供＿拾葉建築室內設計

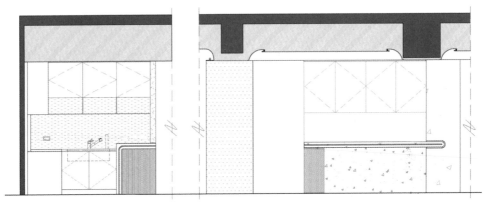

拼接／凹折／🌑 **鑲嵌**／脫縫／溝縫／收邊／鏤空

鍍鈦鑲嵌石材中島，烘托奢華新意

居家空間以輕奢美學來營造氛圍，為了讓整體空間的調性一致，餐廳區的中島設計上，藉由材質延伸牆面的灰階石材，來達成視覺上的延續性；另外，轉角立面銜接木紋格柵的做法，挹注溫潤的家屋氣息；中島側邊輔以 鈦切割出細緻線條，延伸出中島尺度，帶有古銅金屬色調的延續，呼應石材帶光澤的奢華特性，烘托視覺細緻度。

細節處理：鍍鈦金屬呈現古銅色，表面具有亮亮的金屬感，鑲嵌在大量體的石材表面，展現細緻美感。由於中島檯面較長，為了兼具視覺的美觀，鍍鈦板的銜接處盡量位於不明顯的邊角位置。

拼接／凹折／鑲嵌／脫縫／溝縫／收邊／鏤空

牆面溝縫形成細緻線條，夜間照明嵌燈

禾邸設計 Hoddi Design在公領域進入私領域前的廊道上，利用轉角動線上的牆面嵌入細緻燈條，並透過感應燈形式作為夜間照明，提升居住者行動上的安全，營造安心的居所品質。整體空間從天花延展到壁面，利用一體成型的水泥造型作為延伸，廊道轉角融合細膩燈條造型的現代做法，帶來畫龍點睛之效。

細節處理：先將壁面做好，並事先預留嵌燈位子，將嵌燈處打好板，牆面上水泥特殊漆之後，再嵌入鋁燈條；五金板材鋁條可能會有沾染髒汙的問題，要特別小心。

圖片提供＿有序生活製作所

拼接／凹折／◗鑲嵌／脫縫／溝縫／收邊／鏤空

層架嵌入牆面與鐵件搭配

鑲嵌的工法可讓視覺線條更加簡約俐落，有序生活製作所依據機能，讓電視牆包含了封閉性的櫃體與具有開放性的層架，讓業主可以置物與陳列，並利用由上而下延伸的鐵件，垂直固定平行的板材，使結構更加穩固。牆體的部分，則利用弧線過渡量體的虛實，內凹的壁面則成為安裝層架的空間。

細節處理：鑲嵌層架必須在施工階段預埋鐵件在牆上，提供層架水平方向的支撐，待塗料工程結束後，再進行裝設木作層板與固定鐵件的程序。

圖片提供＿有序生活製作所

圖片提供＿TaG Living 創夏設計

拼接／凹折／🖊 **鑲嵌**／脫縫／溝縫／收邊／鏤空

精準的嵌縫尺寸，讓成果更細緻

場址鄰近港灣，由於船隻需要抵禦強風，採用結構力更強的圓角窗，此案使用圓角造型的窗型與門扇模擬船艙，呼應其座落位置。此船艙造型的空間作為會議室使用，需要隱蔽性也欲建立外在連結，因此側邊大面玻璃窗面對安定面，面向廊道則是採以腰部以下的開窗，讓視線能延續至其他空間，而不干擾會議進行。腰部以下的長型開窗須注意玻璃中段的支撐力，木作隔間牆內特別增加了水平與垂直的補強，讓結構更穩固。

細節處理：窗型的尺寸與位置在設計初期便要精準計算，尤其窗框上須留一道溝縫，以便後續玻璃組裝時固定，此溝縫尺寸越精準，完成的細緻度越高。

圖片提供＿TaG Living 創夏設計

圖片提供＿十幸制作 TT Design

拼接／凹折／◗ **鑲嵌**／脫縫／溝縫／收邊／鏤空

嵌進空間的時代韻味

地板表面，因應食品飲料店無以避免的意外潑灑，為了善後手續更加簡便，做了拋光處理。要常保亮潔，如刮泥地毯的功能必須準備，但視覺上未免流俗。於是，設計團隊借此咖啡廳前身儲存成疊傳票、金塊倉庫的功能，借其意象，轉化為內嵌的異材質刮泥工具。與吧檯同為耐火磚材質的迎賓鑲嵌，引領到訪者視覺自踏入門口開始，流暢聚焦至吧檯位置，功能、美觀兼備，且意味悠長。

細節處理：因是鑲嵌於地板永久位置的功能性設計，建議吧檯、迎客入口、動線規劃完畢之後再施工，以水刀切割機精準裁出刮泥區輪廓，手持鎬錘鑿出鋪設耐火磚所需深度。

圖片提供__ MIZUIRO 水色設計

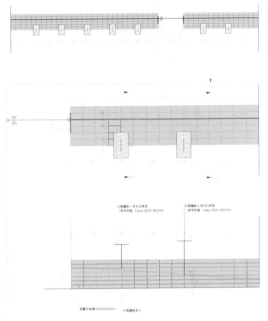

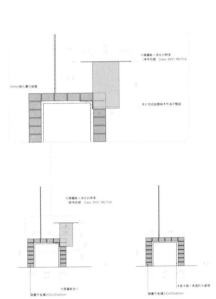

圖片提供__ MIZUIRO 水色設計

拼接／凹折／ ◥ 鑲嵌／脫縫／溝縫／收邊／鏤空

異材質鑲嵌,打造活潑趣味座位區

平板磚具有強烈的造型語彙,其原始灰色可烘托出以白色為主的品牌識別,空間設計大量運用平板磚作為空間元素,從地坪經由堆疊的方式延伸到立面的平板磚,符合座位的使用機能,同時利用鐵板的嵌入形成用餐桌面。從鐵門框到鐵製的桌臺皆有鑲嵌入平板磚的部分,而該部分的平板磚需要精細的削切,讓整體線性元素都可以完好地對齊。所有的金屬件都埋在平板磚與木作構造之間,保留立面的乾淨俐落與視覺平衡。

細節處理:表面經由防水處理的木箱外層以高壓平板磚包覆形成長型量體座位區,以790mm為間隔,精準嵌入有t5鐵板製成的T型桌面,施工的部分需注意耳片完成面需與木作為平整面。

圖片提供__ MIZUIRO 水色設計

拼接／凹折／鑲嵌／脫縫／溝縫／收邊／鏤空

展示架也能自成一格

作為營業空間自是需要商品展示架，設計團隊在此提出了更進一步的方案，即展架上未展示任何商品，展架本體已為自成一格的完整作品。扎實鋼板與透光壓克力錯落鑲嵌，看似輕淺地與裁出溝條的矽酸鈣板沾合，如層板沾了魔法般自帶懸浮力托著沉甸的商品。其實煉金術技巧隱藏在視野不及、細活銜接的矽酸鈣板後，多層夾持的結構以穩固的木作結合，空架展示或烘拖商品掩映生姿都沒問題。

細節處理：各層結構需精準，堆砌出來的成品才能工整，夾持木作務求結構穩固，矽酸鈣板秀面對齊誤差必須要求到施工現場可及的最小值，才能成就作品應有氣質。

壓克力層板大樣圖平面索引 | 1
Scale:1:20

10mm橙色壓克力層板，插入木作隔間內
6mm鍍鋅鋼板，插座木作隔間內
木作隔間，面封矽酸鈣板(毛面向前)，打蚊子釘

層板立面尺寸圖 | 2
Scale:1:20

10mm橙色壓克力層板，插入木作隔間內
6mm鍍鋅鋼板，插座木作隔間內
木作隔間，面封矽酸鈣板(毛面向前)，打蚊子釘

層板剖面大樣圖 | 3
Scale:1:10

10mm橙色壓克力層板，插入木作隔間內
6mm鍍鋅鋼板，插座木作隔間內
木作隔間，面封矽酸鈣板(毛面向前)，打蚊子釘

層板3D圖 | 4
Scale:NTS

圖片提供__十幸制作 TT Design

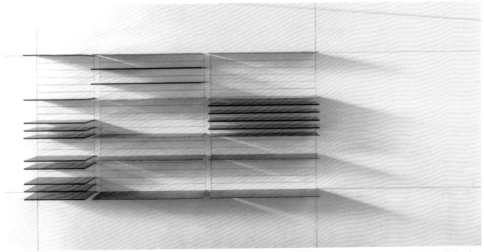

圖片提供__十幸制作 TT Design

拼接／凹折／🔘 **鑲嵌**／脫縫／溝縫／收邊／鏤空

燈光模嵌入天花板，增添空間色彩變化

設計規劃以色彩為主要元素，突破一般教室的塗料顏色，將「色光」融入空間，以光的穿透和反射方式展現RGB三色燈光。孩童透過觀察三色光開啟後的色彩渲染，更為立體地理解顏色相加產生新色，仿如畫作中色彩堆疊的效果。這色光疊加概念呼應了生活中印刷和繪畫的色彩理念。天花板設置的三色光燈透過穿透性高的中空板為學生提供色料疊加體驗。設計強調天花板燈光的鑲嵌和空間色彩的效果，注重教室環境的視覺啟發和知識學習的融合。

細節處理： 現場放樣需拿捏精準，讓中空板所包覆的燈板貼合，與底下的門片與軌道平面完美結合，讓整體有3米寬的燈光顯色區尺寸得以平均分割，不做多餘的修飾。

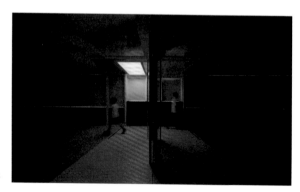

攝影＿余佩樺

拼接／凹折／鑲嵌／脫縫／溝縫／收邊／鏤空

水泥噴漿工法形塑洞窟質感

「聲色Sounds Good」經營主題以黑膠、CD蒐藏為出發點，II Design硬是設計創辦人吳透從聲音記錄發想，提出「聲隧」的設計概念，就像蟲洞可以製造出時光旅行，聲隧是藉由這些早年錄音的黑膠或CD讓人瞬間回到過去，因此店外牆與部分內牆，以水泥噴漿工法來表現洞窟真實自然質感。此工法之前沒人做過，吳透必須先透過打樣確認水泥厚薄與垂流狀況，發現降低水泥砂漿坍度可以順利附著卻會造成表面麻利尖銳，於是在兩道水泥噴漿完成後，再噴上一道高水漿比厚的樂土灰泥作為coating。另外水泥噴漿施作面需都先釘上金屬編織網，最好選用80mm以上粗網目，砂漿才能順利穿過網目貼附到原始水泥面。

細節處理：樂土灰泥作為表面coating若覺得不夠細緻，可用尼龍沙磨盤把180cm以下人體會碰觸到的地方全部拋光打磨，就能呈現比較溫潤的質感。

攝影＿余佩樺

圖片提供__TaG Living 創夏設計

圖片提供＿TaG Living 創夏設計

拼接／凹折／鑲嵌／ 🍃 **脫縫**／溝縫／收邊／鏤空

保留原始屋高，玩味反差美感

此住宅位於高雄的高樓層建築，室內整體的梁柱都較為粗大，因此TaG Living創夏設計團隊在設計上試圖弱化這些結構對於室內的影響。此屋擁有港灣海景，因此天花板透過幾何平面的相交與堆疊，表現海浪的意象。其中脫開的結構露出防火被覆層，也展示出原始屋高，粗糙的表面如同岸邊的礁岩，透過兩種紋理的比例分配，創造反差美感，成為空間中的視覺特色。

細節處理：露出的防火被覆層須先上一層保護漆，由於其表面凹凸不一致，與木作天花板接合時更需要細心處理，沿著紋理的凹凸面進行裁切收邊，讓細緻與粗獷能呈現於同一介面上。

拼接／凹折／鑲嵌／脫縫／◐ **溝縫**／收邊／鏤空

溝縫設計豐富立面表情

大面積的塗料塗布在空間中可表現出材質的肌理，提供空間寧靜的氛圍，加入溝縫設計則可讓大面積立面，增加視覺趣味性之餘，亦能提升空間的律動感。施作時需在木作階段預留溝縫的位置，溝縫的「陽角」必須注意角度是否俐落乾淨，否則將影響立面視覺呈現的效果，接著再批土打磨使施作面整平，而後再進行塗料施作的工序。

細節處理：考量到基地具有挑高的優勢，電視牆上方有大量留白的立面，利用溝縫增加層次，讓牆面呈現建築般的結構感。

拼接／凹折／鑲嵌／脫縫／ ◗ 溝縫／收邊／鏤空

整合功能，維持視覺整體感

玄關落塵區兼有鞋櫃功能的步入式儲藏空間，其換氣通
風重要性自是不可忽略。外廣內收的U字型開口設定及
位置，與整體的室內設計語彙一致，讓空間使用者的視
覺更有延伸感。配合兼具落地鏡功能的懸吊門片，其軌
道與天花板溝縫整合，維繫功能同時，清晰劃分使用區
域定義的不同。內部光源無阻透散設定，讓儲藏室使用
狀況一目了然。

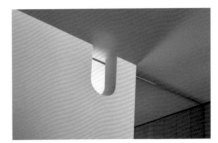

圖片提供__ KAH Design 共生製作＋
知光合禾建築師事務所

細節處理：與落地鏡門板軌道
功能整合的天花板溝縫、如銃
眼開口一般的通風口在與講究
一致性視覺感天花板搭配時，
於圖紙階段即需清楚標定，再
與木作工班配合時便可以更有
效率且精準的落實。

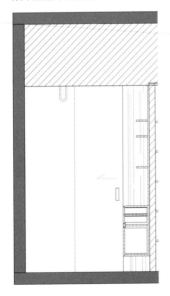

圖片提供__ KAH Design 共生製作＋知光合禾建築師事務所

圖片提供＿向度設計 Degree Design

拼接／凹折／鑲嵌／脫縫／◗溝縫／收邊／鏤空

金屬板電視牆結合溝縫立面

約15坪的小宅，為了創造符合屋主喜愛的黑灰白色調空間，利用銀色質感的金屬板打造不鏽鋼造型電視牆。由於坪數不大，又希望體現電視特色並弱化邊的廁所暗門，於是向度設計 Degree Design 將電視牆兩側延伸不鏽鋼造型金屬板，切齊電視牆與廁所門片高度，放大空間尺度，同時彰顯非凡氣勢；搭配溝縫的線條感，切割立面賦予視覺層次美感。

細節處理：電視牆金屬板尺寸為120cm×240cm、厚度1mm左右，考量材質熱漲冷縮的問題，因此預留3mm溝縫，同時兼具視覺層次。由於金屬板可直接90度銜接側邊空間，較顯銳利，利用沙紙磨過，較顯平滑、好摸。

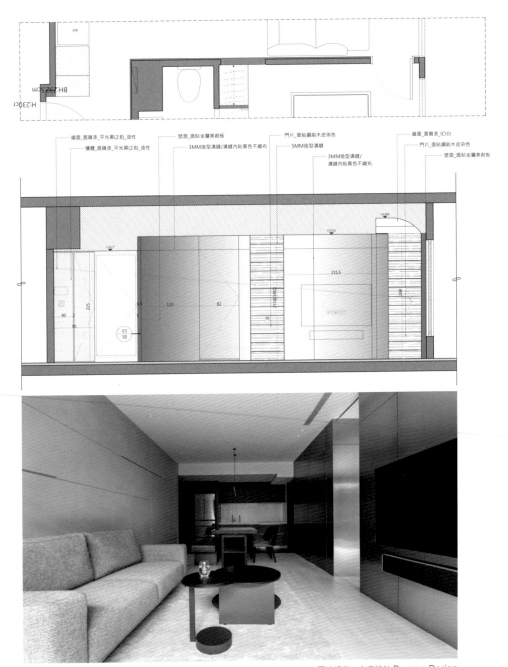

牆面_面噴漆_平光黑(2:8)_油性
櫃體_面噴漆_平光黑(2:8)_油性
壁面_面貼金屬美耐板
3MM造型溝縫/溝縫內貼黑色不織布
門片_面貼鋼刷木皮染色
5MM造型溝縫
3MM造型溝縫/溝縫內貼黑色不織布
牆面_面噴漆_ICI白
門片_面貼鋼刷木皮染色
壁面_面貼金屬美耐板

圖片提供__向度設計 Degree Design

圖片提供__禾邸設計 Hoddi Design

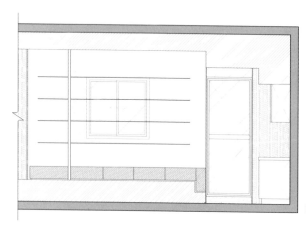

圖片提供__禾邸設計 Hoddi Design

圖片提供__禾邸設計 Hoddi Design

拼接／凹折／鑲嵌／脫縫／◗ **溝縫**／收邊／鏤空

輕盈層板擴充收納，體現簡潔俐落

運用垂直高度建構層板，從餐廳座椅到後方壁面，延伸L型收納展示機能；鐵件層板利用烤漆手法，具備通透、輕薄的結構體，增加場域通透性及人際間情感互動，並有效延展空間尺度；背牆層板區打造內凹的直立斷點，作為拉門閉合處。

細節處理：餐桌結合移動式壁燈，呈現閱讀功能導向的氛圍；天花板與展示牆則以間接照明，切換柔和場域氣息。

圖片提供__禾邸設計 Hoddi Design

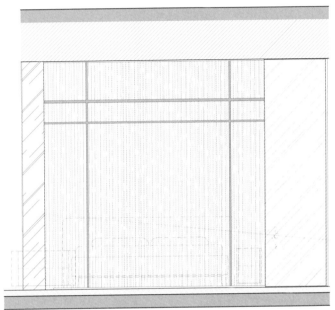

拼接／凹折／鑲嵌／脫縫／◗ **溝縫**／收邊／鏤空

木作與鍍鈦聯手，在沉穩之中挹注亮度

設計上為了滿足屋主喜歡木皮的內斂、沉澱感，同時提升視覺明亮度，利用異材質搭配，達到低調輕奢的美學調性。主臥床頭設計上，利用木皮為基底，溝縫處再嵌入金屬鍍鈦線條作為切割造型，擦亮視覺新意。

細節處理：床頭造型牆結合金屬與木作兩種材質，隸屬不同工種，施工順序上，先製作好木工工程，包含預留寬度金屬溝縫的寬度、長度，最後再將金屬嵌入，完成整面造型牆。

拼接／凹折／鑲嵌／脫縫／🌑 溝縫／收邊／鏤空

思考未來使用性的選材哲學

為了保有空間高度，工一設計主持設計師張豐祥在天花板的選材上以淺色系水染木皮為主，經過水染處理的木皮，具有自然清透且色層分明的特質，能讓空間呈現恬靜素雅的氛圍。水染木皮天花板採用脫縫手法製造懸浮感，在視覺上更顯得輕盈。思考到日後有可能需要更多照明，天花板縫隙間距設計為磁吸軌道可直接加裝燈具，為未來使用性預先考量。

細節處理：在天花板預留磁吸軌道時，縫隙間距的拿捏必須配合照明產品規格，可事先設定好會使用的燈具，依其尺寸規劃間距大小，未來更方便使用。

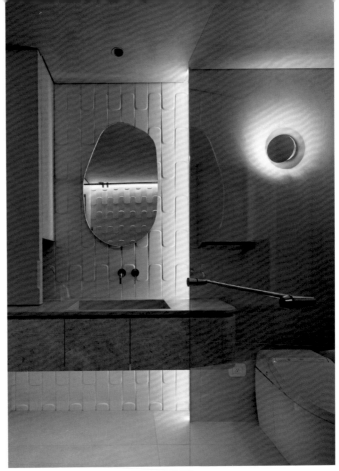

圖片提供＿工一設計

圖片提供＿工一設計

拼接／凹折／鑲嵌／脫縫／ 🔶 **溝縫**／收邊／鏤空

材質不相接更能突顯特色

衛浴空間壁面選用具有凹凸拼接感的磁磚，並挑選紋理簡約的大理石石材搭配，作為收納層板的材質，而在磚牆壁面與層板之間，工一設計主持設計師張豐祥刻意運用脫開留縫的設計手法，避免兩種材質相接，藉以保留磁磚凹凸面的特色，同時也考量到大理石層板重量較重，因此事先規劃在石材板下方預埋鐵件支撐，確保使用上的安全性。

細節處理：石材的邊角銳利，為了避免碰撞受傷，石材層板會以倒圓角收邊，在思考美感與安全必須兼顧下，設計師採以倒1/2圓角讓層板更顯輕薄。

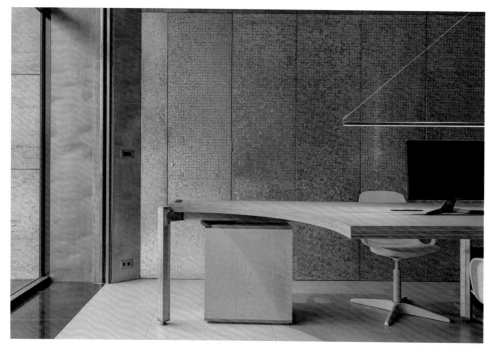

圖片提供__有序生活製作所

拼接／凹折／鑲嵌／脫縫／溝縫／🖊 **收邊**／鏤空

鍍鋅鋼板以折腳進行收邊與拼接

鍍鋅鋼板是在生鐵表面鍍鋅，使其達到防鏽、防蝕與抗酸的效果，有序生活製作所將鍍鋅鋼板進行「咬酸」（即利用酸性物質對另外物質進行腐蝕）程序，利用溶劑微幅破壞鍍在鋼板表面的鋅層，在達到理想的程度後，停止化學作用，使鋅層因為變薄，讓板材呈現獨特的光澤感。鍍鋅鋼板四邊採用折板腳的方式收邊，使邊緣更加立體，接著將板材並排作為辦公室的立面模組單元。

細節處理：除了鍍鋅鋼板表面做咬酸處理之外，考量場域的特性，會有需要吊掛物品的需求，有序生活製作所在鋼板上打上孔距相同的孔洞，讓並排的板材層成為整片的洞洞板，可搭配五金使用。

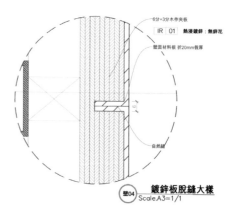

6分+3分木作夾板

IR 01 熱浸鍍鋅：無鋅花

鐵固材料板 折20mm假厚

自然縫

鍍鋅板脫縫大樣
壁04 Scale.A3=1/1

圖片提供__有序生活製作所

拼接／凹折／鑲嵌／脫縫／溝縫／◐ **收邊**／鏤空

脫縫陰影、相撞凸面，兩大收邊手法

StudioX4 乘四建築師事務所建築師程禮譽表示，收邊手法有兩種，一為運用脫邊形成凹面，讓陰影來處理相接處，或是連接處使用第三種材質形成凸面，讓材質相撞密合，這兩種手法通常可以解決99％的材料收邊。運用的方式則以紋理較強、非平整的材料使用脫縫陰影；可以平整處理的材料如玻璃、石材或磚類則利用凸面手法收邊，因為平整感的材料接縫處可以處理得相對漂亮。此處則是在石材圓弧處，安排夾板形成圓弧來做格柵與石材的收邊，夾板厚度則刻意安排與對向鋼板厚度相同，以作為聯想呼應。

細節處理：此處同時運用脫縫陰影與凸面兩種收邊方法，收邊板與石材相接處凸出，再與圓內格柵脫縫2cm，而格柵與地板相接處，也是使用脫縫陰影的方式來處理收邊。

圖片提供＿ StudioX4 乘四建築師事務所

拼接／凹折／鑲嵌／脫縫／溝縫／● **收邊**／鏤空

善用收邊條，讓異材質完美接合

本案以半穿透屏風和地面的高低落差，打破公私領域的明確區分，賦予整個開放空間一種模糊的界定，隱約暗示了領域間的轉換。餐廚區鋪陳120cm×120cm磁磚提供視覺穩定感，在閱讀區則採用海島型實木地板，並且以打釘方式施工，有效避免了氣候對膨脹變化的影響。為保持材質平整和細緻度，收邊選用3mm不鏽鋼條，確保兩者異材質的緊密接合。

細節處理：在磁磚以及木質降板的踏階處，選擇木作貼皮方式進行鋪設，同時在踏階的陽角處收邊實木條，因這些區域經常承受踩踏而容易受損，藉此增強耐久性，並保持整體設計的一致性。

圖片提供__ Studio In2 深活生活設計

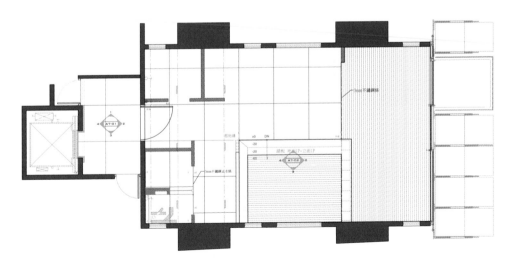

圖片提供__ Studio In2 深活生活設計

圖片提供＿有序生活製作所

圖片提供＿有序生活製作所

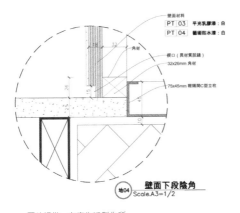

圖片提供＿有序生活製作所

拼接／凹折／鑲嵌／脫縫／溝縫／● **收邊**／鏤空

脫縫處理塗料與異材質交接處

塗料適合用在天花與壁面等立面，與其他材質的交界處，必須留意交接的處理方式，以免影響完工後的效果。以施工順序而言，會先進行泥作鋪設地磚，再進行牆面塗料的施工。立面與地面的交接處，建議預留2～3mm的縫隙，或是採用搭接的做法，讓立面懸浮於地面之上，都可以確保材質的交界是平整的線條，展現設計的細節。

細節處理：牆體立面採用塗料塗布，垂直地與地面的磁磚相接，接縫處預留2～3mm的空間，讓牆面不直接與磁磚相接，而縫隙可運用填縫劑填補。

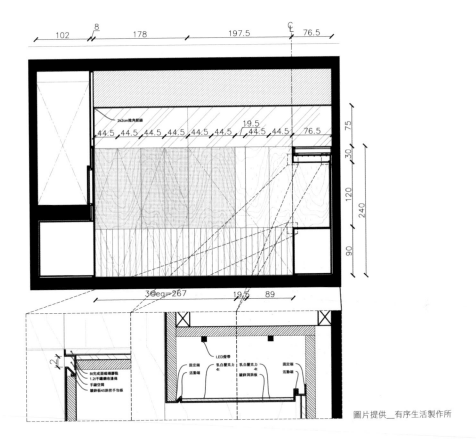

圖片提供＿有序生活製作所

拼接／凹折／鑲嵌／脫縫／溝縫／收邊／🔗 鏤空

鍍鋅鋼板鑽孔成為燈罩

辦公室流理檯用途單純，其空間的照明，除了常見的廚房燈具之外，也可以利用其他的材質與工法，呈現不同的視覺效果。有序生活製作所將鍍鋅鋼板沖孔，除了常見使用於立面可當成洞洞板吊掛物件，而今運用在流理檯區域則成為燈罩，燈罩內部使用流明燈，使光線可以均勻地透過鍍鋅鋼板的孔洞流洩而出，照亮流理檯區域的空間，同時也讓畫面更加乾淨簡潔。

細節處理：在鍍鋅板上等距打出孔洞，可使流明燈的光線均勻地由孔洞透出，使光線更加柔和，燈光的映照也讓立面的蛇紋石肌理更加地清晰。

拼接／凹折／鑲嵌／脫縫／溝縫／收邊／🖊 鏤空

以純材質讓設計回歸原始

由於空間中貫穿三層樓的樓梯直接面對大門,在風水及視線引導的考量下,初向設計設計師曾國峰選用厚度5mm的黑鐵鐵板,藉由屏風概念將樓梯包覆,並配合原始純粹的設計風格,讓黑鐵在不上漆、僅上保護漆的手法下,呈現自然紋路。黑鐵鐵板上以圓形窗戶般的開孔達到遮蔽但不封閉的穿透效果,視覺上也不會顯得單調、壓迫,使視線更具層次感。

細節處理:黑鐵屏風採與樓梯貼合、牆面脫縫的手法,製造更加穿透的視覺效果,且為了讓紋路能完好展現,從工廠運送時必須貼好保護紙,避免鐵板被刮傷。

圖片提供＿初向設計

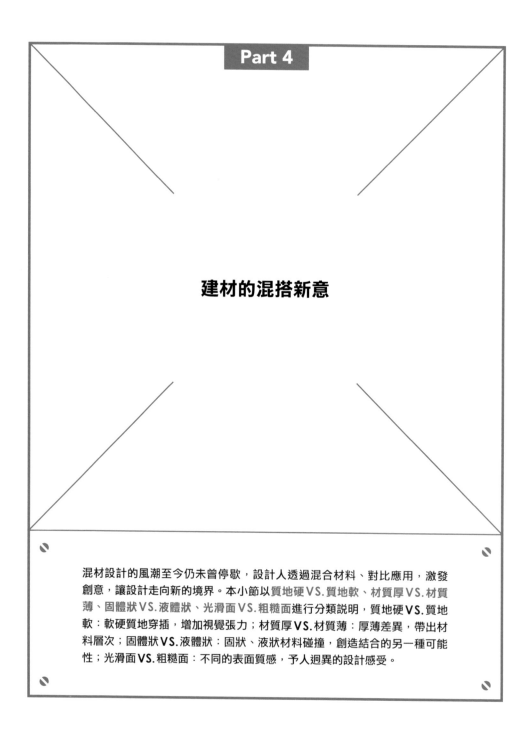

Part 4

建材的混搭新意

混材設計的風潮至今仍未曾停歇，設計人透過混合材料、對比應用，激發創意，讓設計走向新的境界。本小節以質地硬VS.質地軟、材質厚VS.材質薄、固體狀VS.液體狀、光滑面VS.粗糙面進行分類説明，質地硬VS.質地軟：軟硬質地穿插，增加視覺張力；材質厚VS.材質薄：厚薄差異，帶出材料層次；固體狀VS.液體狀：固狀、液狀材料碰撞，創造結合的另一種可能性；光滑面VS.粗糙面：不同的表面質感，予人迥異的設計感受。

圖片提供＿有序生活製作所

● **質地硬 VS.質地軟／材質厚 VS.材質薄／固體狀 VS.液體狀／光滑面 VS.粗糙面**

夾板結合鍍鋅鋼板的立面設計

平凡的材質，透過不同的設計與工法，也能呈現出嶄新的風貌。有序
生活製作所將樺木夾板染成綠色，並搭配經過「咬酸」（利用酸性物
質對另外物質進行腐蝕）處理的鍍鋅鋼板組成立面，綠色的樺木夾
板保有材質木皮的紋理，經過加工的鍍鋅板結合孔洞，成為具有實用機
能的洞洞板，加上五金即可化為具有吊掛功能的實用設計。綠色的牆
面也與桌面的綠色美耐板在色系上相互呼應，使空間更具整體性。

細節處理：木材與金屬兩者一重一輕、一柔軟一剛硬的材質，透過設
計與不同的材質處理方式，讓材料打破既定印象，為空間注入活力與
新意。

圖片提供＿有序生活製作所

圖片提供＿初向設計

● **質地硬 VS.質地軟／材質厚 VS.材質薄／固體狀 VS.液體狀／光滑面 VS.粗糙面**

夾板與磚牆的混搭驚喜

在日式侘寂風的商空裡，初向設計設計師曾國峰利用兩種材質——夾板與磚牆帶來空間立面的混搭設計

興味。將夾板染深鋪陳暗色沉穩的木質調，豐富的紋理與一旁黑鐵屏風的自然紋路呼應；對側牆面則將水泥粉光剔除，裸露在外的白色磚牆呈現空間的原貌。透過夾板、磚牆這類無修飾建材在材質色彩的深淺對比、明暗對照，為空間對話製造更多驚喜感。

圖片提供＿初向設計

細節處理：夾板染色以染深為宜，染淺反而會暴露夾板的瑕疵，影響整體美感。如果空間是老屋，剔除水泥粉光時需要格外留意在牆裡的管線，以免敲除時被破壞。

◗ **質地硬 VS. 質地軟**／材質厚 VS. 材質薄／固體狀 VS. 液體狀／光滑面 VS. 粗糙面

堆疊不同材質堅硬度，趣味中平衡視覺重量

此案的公領域沙發背牆，藉由祖母綠石材、大地色系的木作，以及灰色特殊漆的塗料安排，搭配弧形曲面、漸層格柵與突出立面效果，交織漸層、流動氛圍的場域美學。在同一個立面上，為了創造出視覺平衡性，在木皮牆面利用外突溝縫，呈現立體的木紋線條；嚴選高密度祖母綠石材，結合高技術下完成局部格柵造型，提升牆面視覺張力。

細節處理：祖母綠石材則以水刀沖洗，石材本身擁有高硬度，才能完成格柵造型的細部切割，避免崩裂問題。石材與木皮的進退面，則利用脫縫方式，將底材嵌入作為銜接。

圖片提供__禾邸設計 Hoddi Design

圖片提供__禾邸設計 Hoddi Design

◆ **質地硬 VS.質地軟／材質厚 VS.材質薄／固體狀 VS.液體狀／光滑面 VS.粗糙面**

打造一個「未完待續」的工作室氛圍

這個空間設計概念是想呈現出一個未完成的工作室，同時日後也能邀集一些藝術家依照主題或季節來進行不同創作。水相設計以樺木實木設計出一座座如油畫畫框的結構柱體，搭配半透明的布面來進行立面隔間，讓空間仿若是個等待創作的畫室。這些布面可隨著創作進行更換，木框出現如鏤空的洞口，是因為內部要裝設螺絲鎖件需開洞處理因而將之美化。

細節處理：如何在框體處設置鐵件來維持將布繃緊不至鬆脫的狀態，以及跟後面固定鐵件的連接結合，是設計中需考量的地方。

圖片提供＿ KAH Design 共生製作＋知光合禾建築師事務所

🖊 **質地硬 VS.質地軟**／材質厚 VS.材質薄／固體狀 VS.液體狀／光滑面 VS.粗糙面

堆砌不完美，成就手感豐富的和諧感

為了讓來訪者能以輕鬆和緩態度，自在享受空間傳遞的氛圍。其中一項元素，是不完美手感層層堆疊至和諧。以鏝刀手工撫抹修飾的牆面，沒做到光潔如鏡的份上，感覺上是軟的。質地扎實的北歐樺木裁切成型後，節結紋理映著光澤，工整俐落組裝後，看上去是硬的。視覺觀感材質原本該是如何的孰硬、孰軟已不再重要，而這正是此空間材料組合應用的指標。

細節處理：鏝刀手工整平的牆面，雖不需達到無瑕疵如鏡面般的效果，但仍需維持整體一致的平緩，避免光線將其凹凸不平感強化，漆料顏色也得慎選，不強化光影反射效果的色系為佳。

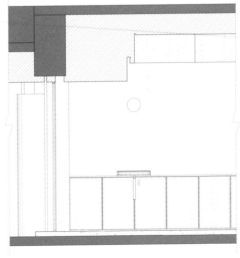

圖片提供＿ KAH Design 共生製作＋知光合禾建築師事務所

圖片提供__ KAH Design 共生製作＋知光合禾建築師事務所

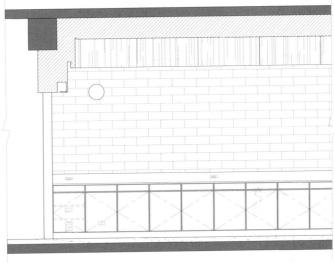

◆ **質地硬 VS.質地軟／材質厚 VS.材質薄／固體狀 VS.液體狀／光滑面 VS.粗糙面**

鮮豔堅實搭配質樸柔和，平衡視覺感反差

精通以原生材料、天然酵母製作自然酒的業主，期待空間也能同步呈現如此質感樸實粗獷的原生態材料，以精準手法製作，最終呈現細膩柔和成品。設計團隊將空間內還原至初始本色的紅磚牆，搭配北歐經典傢具、音響聲學等級樺木板共構木作、業主與設計師謹慎拿捏塗料色澤，堆砌打造氣氛包圍五感，呼應的，正是這一份剛柔並蓄的匠心獨韻。

細節處理：適用於製作音響的精選樺木板，質地較一般夾板扎實許多，加工後表面處理完成即自帶柔和光澤，借助多變紋理，讓自然質感最大化呈現。

圖片提供＿ StudioX4 乘四建築師事務所

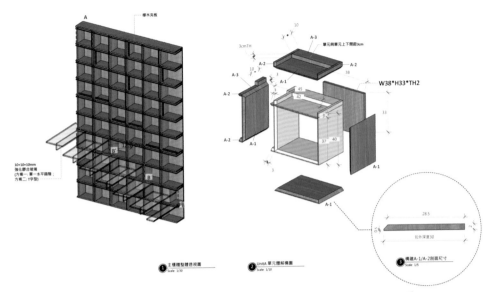

① 主樓體型體造透視圖　Scale: 1/30

② UnitA 單元體解構圖　Scale: 1/10

③ 構建A-1/A-2側面尺寸　Scale: 1/5

樺木夾板

A

A-3
A-2
A-1
A-2
A-3
A-2
A-1
A-2
A-1
A-1
A-1

10
單元與單元上下間距3cm
3cmTH
10
45
42
W38*H33*TH2
38
33
37　40

28.5
包外深度30
0.3

10*10*10mm
強化膠合玻璃
(方案一 單一水平踏階；
方案二 T字型)

圖片提供__ StudioX4 乘四建築師事務所

◉ 質地硬 VS.質地軟／材質厚 VS.材質薄／固體狀 VS.液體狀／光滑面 VS.粗糙面

時間動態形塑特殊行走體驗

此案場為了讓地下室有良好採光，先打開部分樓板引入光線，因此在樓梯材料與形式選擇上，屬意無扶手無龍骨的玻璃樓梯來獲得最多照明。StudioX4 乘四建築師事務所希望以自然質感的材料來形塑空間質感，因此選擇用木材作為玻璃樓梯夾具的同時，每隔20cm的踏板高度也延伸出壁面收納書架，而透明樓梯也能形成難忘的行走體驗。由於這設計無參考數據，需預先製作1：1模型測重，確認玻璃樓梯可以承載280公斤重量，再進入案場施作。每片玻璃樓板厚度為30mm，上面以噴砂方式製作出止滑條。

細節處理：單邊支點的樓梯須注意力矩負重會是雙邊支點樓梯的立方倍之1，除了需仔細計算力學承重，木頭切出的夾縫尺寸也需精準，否則玻璃樓板在插入後會搖晃。另外也使用預力結構概念，每片樓板插入時往上傾斜3mm左右，這樣插入玻璃後會接近水平狀態。

圖片提供__ StudioX4 乘四建築師事務所

圖片提供__尚藝室內設計公司

✎ **質地硬 VS.質地軟**／材質厚 VS.材質薄／固體狀 VS.液體狀／光滑面 VS.粗糙面

玻璃磚與盤多磨對比材，營造端景視覺

為了賦予空間層次感及延伸性，在樓梯處透過兩個層次的架高，搭配玻璃磚屏風，構築出玻璃磚展示平台般的端景畫面。尚藝室內設計公司透過兩種材質搭配，架高地板延伸公領域使用無接縫的磐多魔材質，空間留白純粹的安排，讓地板也成為背景，烘托玻璃磚的通透與明亮。

細節處理：設計上，會先將玻璃磚搭建起來，由於玻璃磚重量重，磚與磚之間的銜接及穩固處理完成後，後續再鋪上磐多魔地坪。

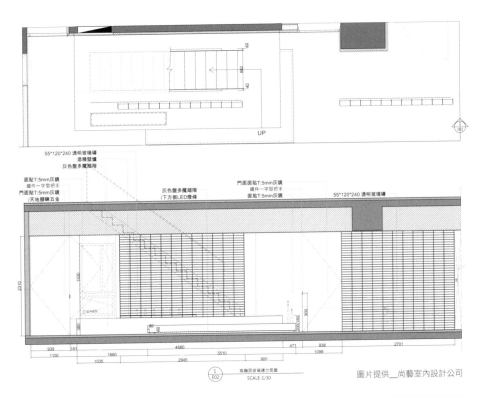

55*120*240 透明玻璃磚
酒精壁爐
灰色盤多魔踏階

面貼T:5mm灰鏡
鋁件一字型把手
門貼T:5mm灰鏡
/天地脷鍊五金

灰色盤多魔踏階
/下方嵌LED燈條

門面貼T:5mm灰鏡
鋁件一字型把手
面貼T:5mm灰鏡

55*120*240 透明玻璃磚

2310

1830

360   40
        40

900

2001/960

939   161
1100
1035

1680

2945

4880

3510

900

471   938
1099

2701

1
E02

客廳面玻璃磚立面圖
SCALE-1/30

圖片提供＿尚藝室內設計公司

圖片提供＿尚藝室內設計公司

🖊 質地硬 VS. 質地軟／材質厚 VS. 材質薄／固體狀 VS. 液體狀／光滑面 VS. 粗糙面

硬質梳妝檯與霧面壓克力燈，形塑安靜氛圍

梳妝洗手檯檯面以實木貼皮呈現硬質感，背板和側牆延續地板相同的磁磚，上方搭配實心霧面壓克力，營造獨特的照明效果，形成硬質與軟質的混搭對比。透過減少裝飾元素，營造安靜內斂的氛圍。四顆霧面壓克力同時具有燈具功能，成為夜燈或梳妝用的小燈，並藉由此材質呈現未開燈時的模糊感，與屏風的霧面玻璃質地相呼應。強調半透明材料的運用，賦予視線在透與不透之間更多層次的體驗。

細節處理：施工中著重於壓克力和磁磚的缺角結合，由於兩者製程不同，機器加工的壓克力和手工貼磁磚需精密計算平整度，在交接面處需提前確定磁磚的貼附厚度。

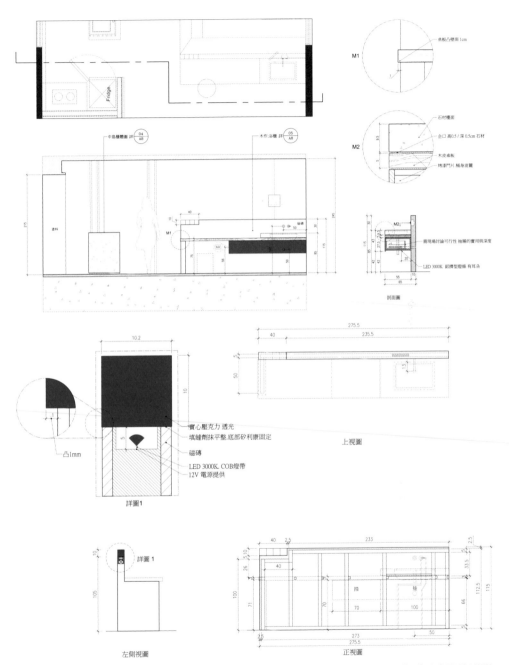

桌板凸壁面 1cm

M1

石材檯面

企口 高0.5 / 深 0.5cm 石材

木皮桌板

M2

烤漆門片, 桶身波麗

需現場討論可行性 抽屜的實用則深度

M2

LED 3000K 鋁擠型燈條 有耳朵

剖面圖

中島櫃體圖 詳 04/AB

木作浴櫃 詳 05/AB

塗料

M1

275.5

40   235.5

實心壓克力 透光

填縫劑抹平整.底部矽利康固定

磁磚

LED 3000K. COB燈帶

12V 電源提供

凸1mm

詳圖1

上視圖

詳圖 1

左側視圖

233

抽   抽

正視圖

275.5

圖片提供__ Studio In2 深活生活設計

圖片提供＿ IN-Xian Design 引線設計

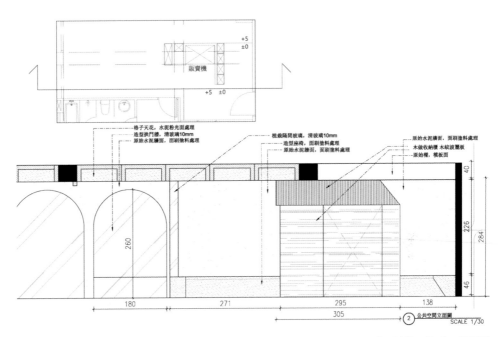

格子天花，水泥粉光面處理
造型拱門牆，清玻璃10mm
原始水泥牆面，面刷塗料處理

粗裁隔間玻璃，清玻璃10mm
造型座椅，面刷塗料處理
原始水泥牆面，面刷塗料處理

原始水泥牆面，面刷塗料處理
木做收納櫃 木紋波麗板
原始樑，模板面

販賣機

+5
±0
+5 ±0

40
226
284
46

260

180   271   295   138
305

② 公共空間立面圖
SCALE 1/30

圖片提供＿ IN-Xian Design 引線設計

◆ 質地硬 VS. 質地軟／材質厚 VS. 材質薄／固體狀 VS. 液體狀／光滑面 VS. 粗糙面

粗獷韻味，柔軟之美的材質共舞

本案的設計概念主要是在回應當地的原始粗獷感，同時注入細緻和現代的元素。金屬、木質、水泥和籐編被巧妙地混搭運用，使旅行者在住宿的同時能夠輕鬆融入質樸的自然氛圍。材質的選擇上，水泥和籐編被用來反映海濱城市的原始感，為了保持和諧，還引入了現代元素如不鏽鋼。混搭材質需要特別注意處理水泥、木作與籐編的接合處，由於水泥表面的不平整，透過細膩處理，以實現材質的流暢銜接。

細節處理：過程中最困難的地方在於材料的凹凸造型，尤其在比例上需要精準搭配，否則會顯得不協調。尺寸和銜接距離是設計前的重要步驟，然而還是需要在現場實際情況下進行微調以應對變化。

圖片提供＿有序生活製作所

質地硬 VS.質地軟／ 材質厚 VS.材質薄／固體狀 VS.液體狀／光滑面 VS.粗糙面

石材、金屬與塗料，製造視覺上的差異

材質種類多元，運用與搭配的設計若能形成論述，則可使空間與畫面呈現出理想的樣態。有序生活製作在接待中心的公共空間中，利用蛇紋石、塗料與不鏽鋼金屬板，一厚一薄、一軟一硬的交織下，使空間中的機能藉由設計被突顯；色彩的運用也呈現相對關係，黑色天花與沙色塗料相互呼應，橘紅色塗料則與綠色蛇紋石相互映襯，櫃檯立面則選擇屬於中性色的不鏽鋼板，作為平衡視覺的角色。

細節處理：當空間中同時使用石材、塗料、板材時，必須注意施工的先後順序，與不同工程進行時的保護措施，留意溝縫的收邊處理，才能確保設計施工的品質與成果。

質地硬 VS.質地軟／◐ 材質厚 VS.材質薄／固體狀 VS.液體狀／光滑面 VS.粗糙面

金屬交織石材，形成些許的視覺反差

反差的效果容易抓人眼球，也能呈現出空間的獨特的個性。設計團隊運用異材質的反差手法，在大量以輕薄鍍鋅鐵板為主的空間裡，搭配上帶一點厚實質感的石材，使展售場域裡的視覺更豐富。再者，石材和鍍鋅鐵板各自帶有獨特的紋理，前者天然奔放，後者自然細膩，再一次利用質地本身的差異性，揉合出別具一格的空間樣貌。

細節處理：設計團隊運用呈現方式來突顯材質厚與薄的效果，鍍鋅鐵板以直立做表現，大理石板材則是水平橫放，露出材質的側邊外沿，突顯厚薄度差異，展現視覺上的對比。

圖片提供__ Üroborus_studioLab:: 共序工事　攝影__李易暹攝影工作室 Yi-Hsien Lee and Associates YHLAA

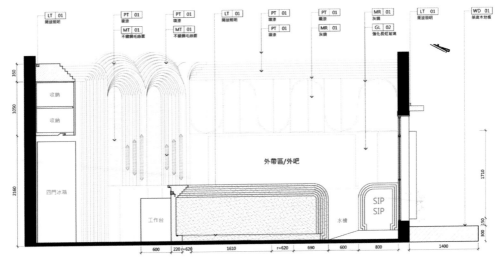

圖片提供＿覺知造所

質地硬 VS.質地軟／🖐 **材質厚 VS.材質薄**／固體狀 VS.液體狀／光滑面 VS.粗糙面

木作結合金屬呈現漸變感

本案為座落於古蹟內的餐酒館，覺知造所主持設計師胡廷璋以啜飲酒水時杯中所泛起的漣漪為發想，以木作呈現具有漸變效果的立面設計；貼飾於木作線條上的不鏽鋼材，設計靈感來自於過去釀酒廠中用來儲存酒液的不鏽鋼釀酒槽，由外向內縮短長度的不鏽鋼，也加深了設計主軸「漣漪」型態的暗示性，使整體空間雖為靜止的狀態，卻能呈現出一股流暢的律動感。

細節處理：線條複雜的木作表面以純淨的米白色礦物塗料批覆，搭配亮面的不鏽鋼材，不僅在材質上呈現一厚一薄的對比，在物件的質感上也能相互對應，使整體的視覺感受更加地和諧。

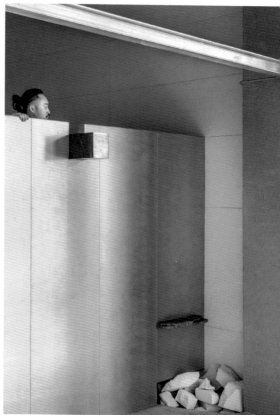

圖片提供__十幸制作 TT Design

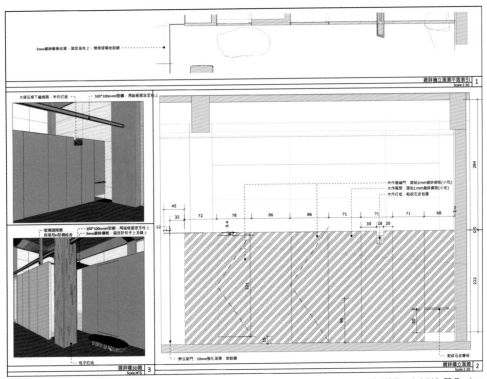

圖片提供__十幸制作 TT Design

質地硬 VS.質地軟／💧 材質厚 VS.材質薄／固體狀 VS.液體狀／光滑面 VS.粗糙面

固態空間，涵容「人」的流體動線

大面積鍍鋅鋼板、再加工彈性餘裕的原材梁、大跨度 H 型鋼構，剛硬光潔。點綴其中，各式建築裝修可能會用上的粗胚原材，如流體般可塑。期待日後空間的使用者，能將這些誠意保留如粗胚的原材，就地取用，賦予新功能。搭築與倉庫空間風格近似的隔間，其實僅是如捉迷藏遊戲中剛好隱人身形的「躲藏牆」，讓動線匯流依設計需求變化，而不是硬性地分出內外界限，僅是在固定的空間內，承載如流體般「人」的動線。

細節處理：為最大程度保持材料回收，及空間的再利用性，材料多以低限度加工手法保留大材積，也因需在工廠預先裁切，丈量精度需要更加細膩，避免訂製材料誤差，導致施工現場組裝不順暢。

圖片提供＿StudioX4 乘四建築師事務所

圖片提供＿StudioX4 乘四建築師事務所

質地硬 VS. 質地軟／🖊 **材質厚 VS. 材質薄**／固體狀 VS. 液體狀／光滑面 VS. 粗糙面

本質材質的對比思考

在鋼構圓弧書桌旁，StudioX4 乘四建築師事務所選擇使用透明強化玻璃與之形成堅固、脆弱，厚、薄，以及形體與本質的對比思考。此處看似脆弱的強化玻璃其實是圓形鋼構的結構支撐，設計將鋼材開縫以嵌入玻璃來強化結構，但同時鋼構也是玻璃壁面的加強支撐，讓玻璃在嵌入鋼板後也不容易晃動，形成共同結構關係，而選擇可穿透玻璃，也是呼應複層空間的上下關係可以被打開的設計理念。

細節處理：此處最困難的是兩個材質的相接處，開口縫隙尺寸皆須相當準確，否則玻璃容易破裂，當順利裝設完畢後，接縫處再以矽利康接合收邊即可。

圖片提供__工一設計

質地硬 VS.質地軟／🔲 **材質厚 VS.材質薄**／固體狀 VS.液體狀／光滑面 VS.粗糙面

鐵件與和紙的剛柔對話

以為是帶有橫紋的壁紙材質，其實是手工和紙和鐵件的結合，這樣的選材靈感源自於業主曾在日本與德國留學的經歷，工一設計主持設計師張豐祥利用在燈光投射下呈半透明的和紙，映襯出後方的鐵件結構，將日式的手工工藝融和德國的簡潔美學，一柔一剛的材質對話表現在壁面上。此外，整面的和紙壁面皆以磁鐵吸附於鐵框固定，當和紙有破損時亦方便單片拆換維修。

細節處理：輕薄的和紙如果用繃布的方式施作可能會變形，因此設計師將和紙黏貼在透明壓克力板上固定，讓壓克力板在前、和紙在後，降低和紙破損機率。

圖片提供＿拾葉建築室內設計

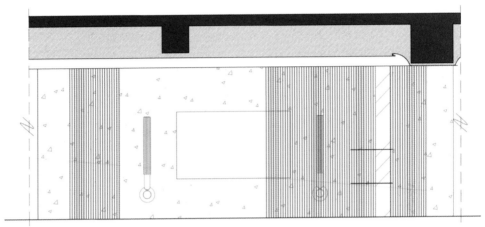

圖片提供＿拾葉建築室內設計

質地硬 VS.質地軟／◑ 材質厚 VS.材質薄／固體狀 VS.液體狀／光滑面 VS.粗糙面

石材結合鐵件的輕薄量體，兼具機能與美學

客廳空間裡，利用大面積白色石材電視的延伸，伴隨自然光與照明投射在石材上，反光的特性彰顯宅邸非凡氣勢。此外，利用整座雕塑般電視牆的側邊深度延伸展示功能，透過輕薄鐵件漆上白色，嵌入兩側厚重的石材量體，基底再輔以玻璃，在厚重與輕薄的視覺對比中，達到材料比例的平衡，同時體現美感與機能兼備的居家場域。

細節處理：電視牆與鐵件層板施作上，考量視覺的美觀性，材質安排的工序非常重要。首先以木作打好整體基底後，預留鐵件嵌入的距離位置，鐵件嵌入後，最後再將石材搭入。

質地硬 VS.質地軟╱◐ **材質厚 VS.材質薄**╱固體狀 VS.液體狀╱光滑面 VS.粗糙面

善用透明壓克力特質，創造輕盈漂浮感

由於屋主喜愛石材，於是在餐廚空間裡，拾葉建築室內設計團隊利用石材中島延伸出餐桌的一體設計，
創造出空間的亮點。由於石材給人厚重的感受，打破一般慣性使用木作或鐵件材質的桌腳，而是利用透
明壓克力的創新概念，沉重的石材彷彿漂浮空中，展現柔美輕盈感。

細節處理：由於壓克力是透明的，要特別注意木作打底的交界點位置，為了避免視覺上的突兀、不美
觀，會先將壓克力嵌入處上色或先包覆起來等處理，最後再鋪上木地板。

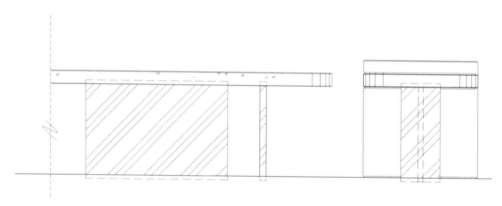

圖片提供＿拾葉建築室內設計

190

質地硬 VS.質地軟／🍃材質厚 VS.材質薄／固體狀 VS.液體狀／光滑面 VS.粗糙面

電視牆異材質技法，體現機能美學

詮釋異材料的多元性，及材質可顛覆舊印象、再重組的無限可能性。藉由米色大理石鋪陳客廳電視牆，並延展至側邊主臥入口，上方堆疊印加圖騰大理石，揉合局部特殊漆延展出完整的空間調性。利用電視牆左側牆體內凹結構，打造漂浮機櫃設計，滿足公領域的日常收納；嵌入一道灰鏡作為櫃體門片，創造簡潔俐落的時尚感。

細節處理：米色大理石創造電視牆及臥室入口，上方鋪陳印加圖騰大理石，且透過局部特殊漆延展空間，體現材料破壞再重組的無限可能性，烘托其使用上的高度彈性與迷人的美學變化特性。

圖片提供＿禾邸設計 Hoddi Design　攝影＿朱逸文

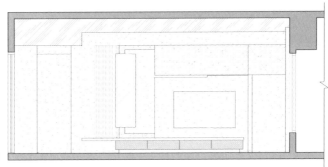

圖片提供＿禾邸設計 Hoddi Design

図面内のテキスト（工程図）:

223

17

134

表面貼磚　坡度0.5cm　木作階梯

原有樓梯　上方木作覆蓋　包土打底/表面做矽酸鈣處理　後製造木框

原有樓梯踏階立面　5mm TH 灰縫

←切齊拉門開啟位置

拉門

←切齊拉門側邊

樓梯立面定作整平後面製塗漆

樓梯側邊/木作面板　面貼5mm TH 灰縫

1 樓梯側面圖　　踏階淨深27cm　　2eq=207　　30

2 客廳立面圖

圖片提供＿ StudioX4 乘四建築師事務所

質地硬 VS.質地軟／質地厚 VS.材質薄／**● 固體狀 VS.液體狀**／光滑面 VS.粗糙面

減法設計回歸空間本質

StudioX4 乘四建築師事務所建築師程禮譽建議居住空間應有別於商空的特色吸睛，材質使用上最好不要超過3種，否則過多材質種類在屋主生活物品逐漸累積後，會讓整體空間更加混亂，無法體會出設計美感，因此在設計溝通過程中，不論是屋主或設計師，都應該掌握去蕪存菁的要訣。在這個空間裡，程禮譽想回歸古樸質感性，僅使用壁面的白色仿石材薄板磚，搭配黑灰色地板磚與塗料樓梯來呈現出安靜的空間感，而樓梯的塗料在陽光與陰影的作用下呈現不同色階，便是最自然的裝飾變化。

細節處理：空間裡使用塗料與大尺寸地磚來趨近無縫質感，不必拘泥於傳統的無縫塗料，塗料與地磚的接縫處，使用脫縫的陰影手法進行收邊即可。

圖片提供＿ StudioX4 乘四建築師事務所

質地硬 VS.質地軟／材質厚 VS.材質薄／⬧ **固體狀 VS.液體狀**／光滑面 VS.粗糙面

不鏽鋼與藝術塗料，提升空間質感氛圍

塗料種類多元，而藝術塗料其獨特的顏色與肌理，能為空間刻劃出細膩的溫暖質感，有序生活製作所利用橘紅色的藝術塗料塗布空間，在考量實用性與美觀的吧檯與流理檯區域，採用了呈現不鏽鋼色澤的金屬板。藝術塗料與不鏽鋼一霧一亮的存在、暖色調與冷色調的對比呈現，使空間畫面更加和諧，燈光的映照也突顯兩種材質特有的質感。

細節處理：良好的燈光計畫，是營造空間氛圍的關鍵，同時也讓空間中所使用的塗料、金屬呈現材質本身的特性，為畫面增加細節。

圖片提供＿ MIZUIRO 水色設計

質地硬 VS.質地軟／材質厚 VS.材質薄／● 固體狀 VS.液體狀／光滑面 VS.粗糙面

固體與液體材質交織，界定空間

從店面外觀騎樓地坪大量使用的灰色平板磚延續到室內入口的長型座位區，與水泥地板相接構築出從外而內的空間過渡區。室外所預留的騎樓空間讓消費者可以在雨天的時候可以先在此區稍作整理才進入室

內，地面所使用的平板磚鋪面也讓水可以順著磚與磚之間的縫隙排出。灰色平板磚鋪面的線條分割與室內淺白色水泥形成對比，也讓淺色調的空間從鄰里街屋中跳脫出來，呈現出固體與液體彷彿虛實陰陽調和的記憶點。

圖片提供＿ MIZUIRO 水色設計

細節處理：平板磚鋪面需與水泥地板齊平，施工上需整地得以在地坪精準嵌入平板磚。磚頭與磚之間直接需預留平整對線的縫隙，完成鋪面後填入細砂，做工精緻且與大面積水泥地板相輝映。

圖片提供＿禾邸設計 Hoddi Design

質地硬 VS.質地軟／材質厚 VS.材質薄／ ◐ **固體狀 VS.液體狀**
／光滑面 VS.粗糙面

石皮、特殊漆與觀音石，創造異國美學調性

此案為樣品屋，為了呈現視覺上的豐富度，透過異國文化的美
學調性作為整體空間風格走向。空間主體牆面較大，不特別使
用過多材料拼貼，而是利用溫潤的特殊漆飾底；下面結合火爐
意象，背景結合粗獷材料的石皮質地，搭配觀音石檯面，創造
出不同文化激盪的美學靈感。

細節處理：施工上，牆面先上特殊漆，再進行石材工程；由於
石皮較重，寬度切割不易，必須現場丈量後，繪製圖面並於工
廠裁切製作，最後再到現場安裝。

圖片提供＿禾邸設計 Hoddi Design

圖片提供＿ StudioX4 乘四建築師事務所

質地硬 VS.質地軟／材質厚 VS.材質薄／固體狀 VS.液體狀／🌑 光滑
面 VS.粗糙面

材質原形交由時間設計

一般設計思考很容易在材質上去疊覆另一種材質以掩蓋原本質
感，StudioX4 乘四建築師事務所反其道思考，如何能利用材質原本
的質感來形塑空間氛圍，這個案場是一間 40 年老公寓，建築師程禮
譽把磚牆洗去油漆與粉光面，讓磚塊結構裸露而出，搭配不上漆的
黑鐵，讓黑鐵隨時間產生色澤的變化來搭配磚牆的凹凸面，去呈現
時間流動的軌跡，以呼應這間公寓原本的歷史質感。鐵架與磚牆可
利用脫縫 2cm 的方式收邊。

[細節處理]：要利用這種有時間感的材質須注意色調的搭配，當磚牆
的紋理已經很豐富鮮豔時，鐵架的顏色就盡量不要選擇彩度高的顏
色，然後利用燈光照射便可以呈現豐富的變化性。

圖片提供＿ StudioX4 乘四建築師事務所

質地硬 VS. 質地軟／材質厚 VS. 材質薄／固體狀 VS. 液體狀／◗ **光滑面 VS. 粗糙面**

陪美感玩上一局捉迷藏吧

誠如店名，那南部小孩都懂的捉迷藏暫停用語「Oskay」，也呼應日語「お空け」之意，這裡宗旨之一便是打造得以讓生活常規暫停下腳步的空間。釋放的童趣，也映射在空間內異材質結合打造的陳設上。像是以肌肉輔地心引力之助拋砸、型態隨機成型的回收 ALC 輕質水泥粗胚材料，如玩捉迷藏一樣，躲在光滑鍍鋅鋼板包覆的木作櫃檯下方和空間內各處不經意的角落裡。

細節處理：迎合空間使用需求製作的櫃檯木作按圖施工直接了當，落地結構穩固了，披覆的鍍鋅鋼板丈量抓準了，底部回收再應用的材料可臨場隨機應變，依整體美感搭配。

圖片提供＿非常態空間製作所

質地硬 VS.質地軟／材質厚 VS.材質薄／固體狀 VS.液體狀／◆ 光滑面 VS.粗糙面

磨石子鋪面與白色磁磚，呈新舊交織

教室空間改造保留原空間的磨石子特色地板，空間中段為了讓RGB三原色燈光有更好的渲染效果，特別設置進口訂製小六角形白磁磚。六角磚之間的縫隙非常微妙，近看才看得出分割，與磨石子斑駁地板形成有趣鮮明的對比，整體寬度與上方天花板燈罩區一致，形成光的走廊與空間過渡區。彈性隔間玻璃牆門片的軌道也埋藏在白磁磚區中段，所有地坪需在同一平面上確保彈性隔間移動自如。

細節處理：空間保留大面積原始磨石子地板，在亮點區——RGB燈光區使用特別訂製的六角形白磁磚鋪設，施工拼貼上非常細緻，除了符合改造預算外也有助於燈光染色效果。

質地硬 VS.質地軟／材質厚 VS.材質薄／固體狀 VS.液體狀／ ◐ 光滑面 VS.粗糙面

抿石子搭配水泥，帶出空間層次感

延續街屋騎樓抿石子元素，MIZUIRO 水色設計讓室外空間的特點與觸感延續到室內，幻化一種柔和的空間過渡手法。從保留地面的色彩調性，運用色差界定騎樓與室內空間，到與水泥地面的整合以及展示品層架鐵件的對線，每處細節都是精緻施工的表現。室內抿石子地面預留圓形水泥區結合品牌 LOGO 打造空間的入口識別，運用抿石子（粗糙）與水泥（光滑）兩種材質表現，形成簡約獨特而又不單調的門面，為白色系注入溫暖的意象。

細節處理：保留騎樓原磁磚與淺色抿石子地面，利用顏色深一階的抿石子地面從玻璃外牆地面一小段延續到室內空間的點餐與等候區。石子的大小經挑選，不同材質鋪面與面積比例拿捏合宜。

圖片提供＿ MIZUIRO 水色設計

質地硬 VS.質地軟／材質厚 VS.材質薄／固體狀 VS.液體狀／◐ **光滑面 VS.粗糙面**

架高玻璃地板，構築地上的窗

此處是「新州屋」原屋主的居住空間，當時台灣還無燒製磁磚能力，這些地板磁磚都是從日本進口，具有時代意義。Il Design 硬是設計創辦人吳透想保留這些磁磚，若使用EPOXY覆蓋其上會有變黃問題，且拆除時也會毀壞磁磚，最後使用架高玻璃地板讓人們可看見過去生活痕跡。而這塊架高玻璃地板做成圓拱窗形狀，緊扣住一方一圓雙窗的設計主題，如同一扇在地上的窗，透過這扇窗可以看到過去人們在這裡生活的痕跡。

細節處理：當人們在玻璃地板上踩踏時容易產生靜電，此時若碰觸到金屬材質或彼此碰觸，會產生不舒服的觸電現象，這也是所有光滑材質需特別注意的地方。吳透利用中央支撐旋轉梯的結構鐵柱將電流導向三樓地板，可減少靜電發生。

圖片提供＿ KAH Design 共生製作＋知光合禾建築師事務所

質地硬 VS.質地軟／材質厚 VS.材質薄／固體狀 VS.液體狀／ 光滑面 VS.粗糙面

精準小細節，讓光滑厚重與碎割粗糙配出俐落

幾乎應用了最大地坪面積的花崗岩檯面，搭配每一塊紋理皆獨一無二的窯變磚，將工作區、待客區動線明確劃分。檯面刻意挑選厚重花紋，基座表面鋪貼裝設整齊劃一，規矩分明讓視覺有著細膩的依歸。兩種光滑但樣貌紋理多變的材料，以帶著粗糙質感但嚴謹細膩工法整合，呼應業主自然酒釀造過程那初始原材料依著工序，釀造成入口滑順且層次豐富多變成品的心得。

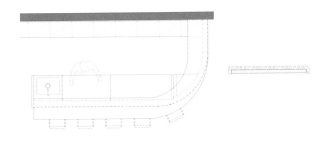

細節處理：單純但樣貌多變的素材，需以精準勾勒的線條整合。施工時材料貼附的間距務求精準，方能在呈現反差感的同時，保持整體一致性和俐落感。

圖片提供＿ KAH Design 共生製作＋
知光合禾建築師事務所

圖片提供__十幸制作 TT Design

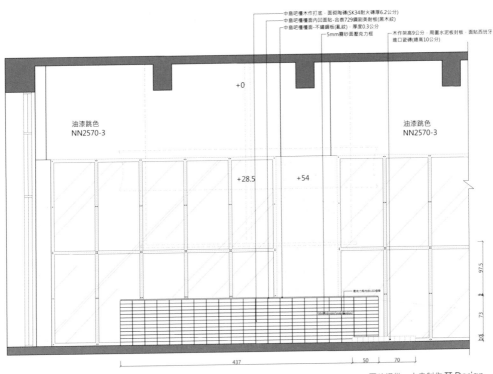

中島吧檯木作打底，面砌陶磚(SK34耐火磚厚6.2公分)
中島吧檯檯面內凹面貼-含泰729鋼刷美耐板(黑木紋)
中島吧檯檯面-不鏽鋼板(亂紋)，厚度0.3公分
5mm霧砂面壓克力框
木作架高9公分，周圍水泥板封板，面貼西班牙進口瓷磚(總高10公分)

+0

油漆跳色
NN2570-3

油漆跳色
NN2570-3

+28.5   +54

壓克力酸內崁LED燈管

97.5   73   114

437   50   70

圖片提供＿十幸制作 TT Design

質地硬 VS.質地軟／材質厚 VS.材質薄／固體狀 VS.液體狀／◐ 光滑面 VS.粗糙面

汲取歷史，堆砌新時代的燦爛

見證都市發展歷史紋理的營業空間，前身為第一銀行高雄倉庫，十幸制作 TT Design設計團隊梳理駁二特有的發展脈絡，細品環境氛圍，詮釋那關於老銀行、舊倉庫與新時代結合的韻味。以曾經存放在銀行倉庫內成疊傳票和金塊為發想，木作打底，上披邊角收折的滑順不鏽鋼板滿足餐飲營業衛生需求，外包覆耐火磚堆疊為中島吧檯，略顯顆粒感的粗獷外型，裝置光源如金塊熠熠，領人追思過去燦爛。

細節處理：不鏽鋼板收邊有效增加視覺上量體的穩定厚實感，並可些許增加結構穩定度且有效降低裝設成本。耐火磚以傳統泥作工法堆砌，但需特別注意個別磚塊的尺寸誤差。

圖片提供＿十幸制作 TT Design

質地硬 VS.質地軟／材質厚 VS.材質薄／固體狀 VS.液體狀／◐ **光滑面 VS.粗糙面**

結合鍍鈦、石材與木作，營造時尚休閒味道

弧形天花線條設計，打破客廳電視牆方正的刻板印象。電視牆與下方檯面鋪陳特殊凹紋的磁磚材質，表面以規律線條的表現，展現現代時尚感。下方結合壁爐意象，並於背牆使用粗獷的石皮材質，營造出自然的休閒味道。為了讓空間展現對比的美學張力，側邊結合鍍鈦材質的層板設計，挹注些許輕奢美學。

細節處理：先利用木作結構拉出牆面量體，天花板施作後，再鋪陳電視牆面的磁磚材質，接著鋪陳下方石皮材質，最後再安排鍍鈦材質，可避免鍍鈦材質被刮傷。

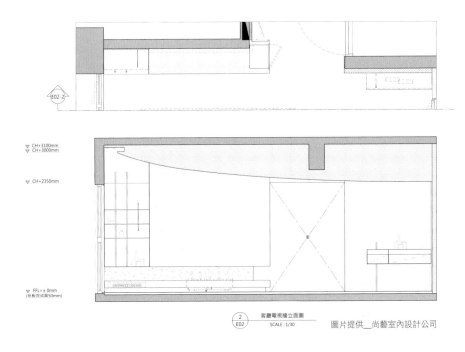

▽ CH+3100mm
▽ CH+3000mm

▽ CH+2350mm

▽ FFL=±0mm
(地板完成面50mm)

```
 2      客廳電視牆立面圖
E02     SCALE：1/30
```
圖片提供__尚藝室內設計公司

圖片提供__尚藝室內設計公司

圖片提供__工一設計

圖片提供＿工一設計

質地硬 VS.質地軟／材質厚 VS.材質薄／固體狀 VS.液體狀／◗ **光滑面 VS.粗糙面**

深淺層次之間的實用美感

為了達到空間中的降噪效果，工一設計主持設計師張豐祥選擇以木材回收壓製而成的美絲板作為天花板選材，外觀不平整的美絲板具有吸音、減少回音的特性，能符合業主希望室內空間安靜的期待，同時美絲板粗糙的表面帶有粗獷感，埋藏在內層與淺色水染木皮以脫縫手法製造視覺上的高低反差，讓天花板具有豐富的深淺色對比及層次感。

細節處理：由於表面粗糙、不平整的美絲板屬於粗獷型材質，因此在與其他材質相接時，站在美觀考量的角度，較不適合露出側邊，會以陰角收邊為宜。

圖片提供＿工一設計

圖片提供＿ StudioX4 乘四建築師事務所

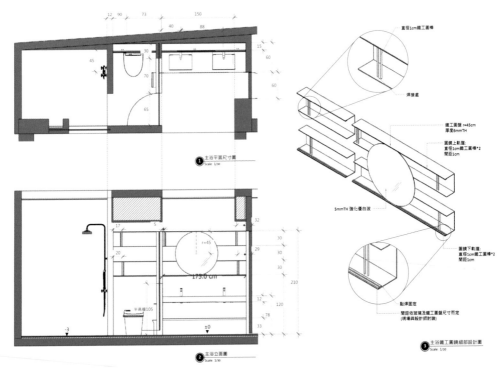

1 主浴平面尺寸圖
Scale 1/30

2 主浴立面圖
Scale 1/30

3 主浴鐵工圓鏡細部設計圖
Scale 1/20

直徑1cm鐵工圓棒

焊接處

鐵工圓盤 r=45cm
厚度 6mmTH

圓鏡上軌道：
直徑1cm鐵工圓棒*2
間距1cm

5mmTH 強化優白波

圓鏡下軌道：
直徑1cm鐵工圓棒*2
間距1cm

點焊固定

間距依玻璃及鐵工圓盤尺寸而定
(現場與設計師討論)

r=45

175.0 cm

圖片提供__ StudioX4 乘四建築師事務所

質地硬 VS.質地軟／材質厚 VS.材質薄／固體狀 VS.液體狀／◗ 光滑面 VS.粗糙面

玻璃與RC的碰撞形成自然對比

為了不浪費衛浴中難得的自然天光，StudioX4乘四建築師事務所選擇使用半透明玻璃作為隔間材料，為主臥引進光源，也希望盡可能忠實呈現出材料的原本樣貌，因此選擇再將RC橫梁的粉光油漆以手工方式去除，呈現出原有的粗獷質感，與下方的玻璃光滑形成對比，卻又都是這兩種材質原有的質感，讓這兩種自然性產生碰撞形成對比。

細節處理：以粗糙材質接細緻材質的陰影脫縫手法，處理RC橫梁與玻璃隔間的接縫處收邊。

附錄

專業諮詢設計公司

設計公司／ IDIN Architects
網站／ www.idin-architects.com

設計公司／ II Design 硬是設計
電話／ 07-285-1003

設計公司／ IN-Xian Design 引線設計
電話／ 02-2308-9982

設計公司／ KAH Design 共生製作＋知光合禾建築師事務所
電話／ 02-7755-7768

設計公司／ MIZUIRO 水色設計
電話／ 0900-480-025

設計公司／ Studio In2 深活生活設計
電話／ 02-2393-0771

設計公司／ StudioX4 乘四建築師事務所
電話／ 02-2701-0113

設計公司／ TaG Living 創夏設計
電話／ 07-338-9083

設計公司／ Üroborus_studioLab:: 共序工事
電話／ 02-2596-3977

設計公司／十幸制作 TT Design
電話／ 07-521-0096、02-2506-4326

設計公司／工一設計
電話／ 02-2709-1000

設計公司／水相設計
電話／ 02-2700-5007

附錄

専業諮詢設計公司

設計公司／禾良一設計
電話／ 04-2436-0113

設計公司／禾邸設計 Hoddi Design
電話／ 02-8751-5075

設計公司／有序生活製作所
電話／ 04-2206-6086

設計公司／向度設計 Degree Design
電話／ 02-2756-5829

設計公司／初向設計
電話／ 02-2577-6280

設計公司／非常態空間製作所
電話／ 0988-727-675

設計公司／空間站建築師事務所
微信公眾號／ SpaceStation_

設計公司／尚藝室內設計公司
電話／ 02-2567-7757

設計公司／拾葉建築室內設計
電話／ 04-2707-8650

設計公司／思謬空間設計有限公司
電話／ 02-2785-8260

設計公司／執見設計
電話／ 06-261-0006

設計公司／湜湜空間設計
電話／ 02-2749-5490

設計公司／覺知造所
信箱／ dandandaniel.hu@gmail.com

建材創新應用聖經：

掌握材料特性顛覆原貌，施作細節、工法創新全解析

作者	i 室設圈｜漂亮家居編輯部	發行人	何飛鵬
責任編輯	余佩樺	總經理	李淑霞
美術設計	張巧佩	社長	林孟葦
採訪編輯	劉繼珩、林琬真、李與真、賴姿穎、田可亮	總編輯	張麗寶
	紀廷儒、Joyce、Aria、Acme	內容總監	楊宜倩
編輯助理	劉婕柔	叢書主編	許嘉芬

出版　　　　城邦文化事業股份有限公司麥浩斯出版
地址　　　　104台北市中山區民生東路二段141號8樓
電話　　　　02-2500-7578
E-mail　　　cs@myhomelife.com.tw

發行　　　　英屬蓋曼群島商家庭傳媒股份有限公司城邦分公司
地址　　　　104台北市民生東路二段141號2樓
讀者服務電話　0800-020-299（週一至週五AM09：30～12:00；PM01：30～05：00）
讀者服務傳真　02-2517-0999
E-mail　　　service@cite.com.tw
劃撥帳號　　1983-3516
劃撥戶名　　英屬蓋曼群島商家庭傳媒股份有限公司城邦分公司

香港發行　　城邦（香港）出版集團有限公司
地址　　　　香港九龍土瓜灣土瓜灣道86號順聯工業大廈6樓A室
電話　　　　852-2508-6231
傳真　　　　852-2578-9337

馬新發行　　城邦（馬新）出版集團Cite (M) Sdn Bhd
地址　　　　41, Jalan Radin Anum, Bandar Baru Sri Petaling, 57000 Kuala Lumpur, Malaysia.
電話　　　　603-9057-8822
傳真　　　　603-9057-6622

總經銷　　　聯合發行股份有限公司
電話　　　　02-2917-8022
傳真　　　　02-2915-6275

製版印刷　　凱林彩印股份有限公司
版次　　　　2024年3月初版一刷

定價　　　　新台幣599元整

Printed in Taiwan

國家圖書館出版品預行編目(CIP)資料

建材創新應用聖經：掌握材料特性顛覆原貌，施作細節、工法創新全解析/i室設圈｜漂亮家居編輯部作. -- 初版. -- 臺北市：城邦文化事業股份有限公司麥浩斯出版：英屬蓋曼群島商家庭傳媒股份有限公司城邦分公司發行, 2024.03
　面；　公分. --（Material；17）
ISBN 978-626-7401-23-1（平裝）

1.CST: 建築材料　2.CST: 室內設計

441.53　　　　　　　　　　　113000766